Gerhard Staguhn

**WARUM DAS WELTALL IMMER RÄTSELHAFTER WIRD**

Das Neueste vom Universum

Gerhard Staguhn

# WARUM DAS WELTALL IMMER RÄTSELHAFTER WIRD

## Das Neueste vom Universum

CARL HANSER VERLAG

Das Bild auf dem Einband dieses Buches zeigt den Adlernebel. Er ist mit einem einfachen Teleskop im Sternbild Schlange zu sehen und wurde bereits im Jahre 1764 vom französischen Astronomen Charles Messier entdeckt. Der 7000 Lichtjahre entfernte Nebel besteht hauptsächlich aus Wasserstoff, dem Stoff, aus dem die Sterne sind. Die dunklen Gas- und Staubwolken, die sich über mehrere Lichtjahre erstrecken, sind ideale Bruststätten für Sterne. Deren Licht bringt das Wasserstoffgas zum Leuchten.

Die Seiten mit den Kapitelüberschriften zeigen Ausschnitte aus dem Kugelsternhaufen Omega Centauri, der ganz auf Bild 3 des Bildteils zu sehen ist.

Die Schreibweise in diesem Buch entspricht
den Regeln der neuen Rechtschreibung.

Unser gesamtes lieferbares Programm und viele
andere Informationen finden Sie unter www.hanser-literaturverlage.de

1 2 3 4 5   13 12 11 10 09

ISBN 978-3-446-23423-9
Alle Rechte vorbehalten
© Carl Hanser Verlag München 2009
Umschlag: Stefanie Schelleis, München
Foto: NASA, ESA and The Hubble Heritage Team (STScI/AURA)
Satz: Satz für Satz. Barbara Reischmann, Leutkirch
Druck und Bindung: CPI – Ebner & Spiegel, Ulm
Printed in Germany

# Inhalt

1 »Hubble's« neueste Kamera bietet einen tiefen Blick auf zwei verschmelzende Galaxien in 300 Millionen Lichtjahren Entfernung. In ferner Zukunft werden sie sich zu einer Galaxie vereinen.

2 Das James-Webb-Weltraumteleskop soll »Hubble's« Nachfolger werden und 2013 seine Arbeit aufnehmen.

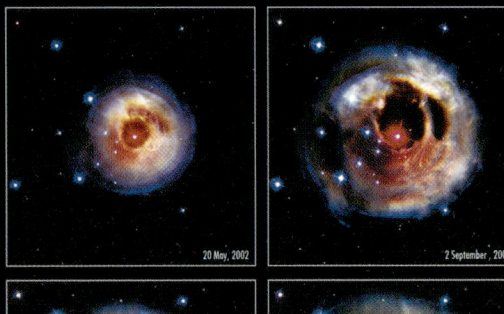

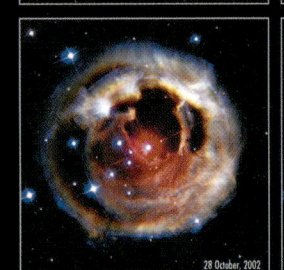
20 May, 2002

2 September, 2002

28 October, 2002

17 December, 2002

3 Der Kugelsternhaufen Omega Centauri, der größte und hellste seiner Art.

4 Verschiedene Phasen eines sogenannten Licht-Echos eines fernen Sterns. Ein heftiger Energieausstoß auf dem Stern bringt umliegende Staubmassen zum Aufleuchten. Der »Staub-Ballon« hatte im Dezember 2002 einen Durchmesser von 7 Lichtjahren.

5  Der ca. 3000 Lichtjahre entfernte Rote Spinnen-Nebel. Es handelt sich um einen sogenannten »warmen planetarischen Nebel«, der in seinem Zentrum einen extrem heißen Stern birgt. Dessen »Sonnensturm« aus energiereicher Strahlung bringt die umgebenden Gaswolken zum Leuchten.

6  Ein explodierter Stern (Supernova), umgeben von einem Ring »kosmischer Perlen« aus erhitzter Gas- und Staubmaterie, die der Stern 20 000 Jahre vor seiner Explosion ausgestoßen hatte.

7  Eine sogenannte Aktive Galaxie mit einem besonders kompakten Kern, in dem sich ein massives Schwarzes Loch verbirgt. Aus dem aktiven Zentrum werden gewaltige Gasmassen in den Weltraum geschleudert. Die Galaxie ist 13 Millionen Lichtjahre von uns entfernt.

**8**

**10**

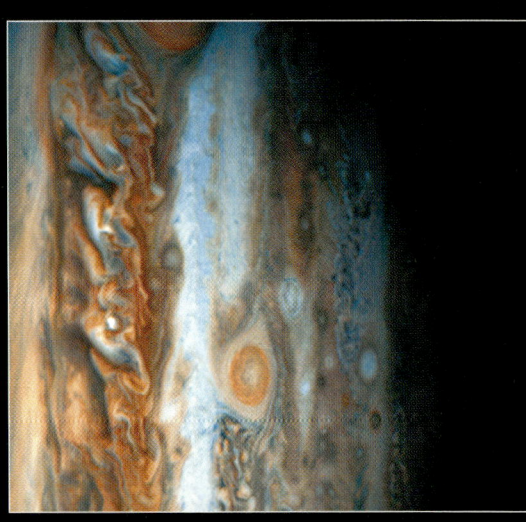

**8**  Eine Scheibe aus Sternen und Staub umgibt
ein Schwarzes Loch in der Galaxie NGC 7052.
Die kleinsten noch erkennbaren Details messen
50 Lichtjahre im Durchmesser.

**9**  Der Planet Mars, vom Hubble-Weltraumteleskop
fotografiert. Deutlich zu sehen ist der erloschene
Vulkan Olympus Mons, der größte im gesamten
Sonnensystem. Schön zu sehen ist die Eiskappe am
Mars-Südpol.

**10**  Der neu entstandene Rote Fleck auf Jupiter,
von »Hubble« fotografiert im April 2006.

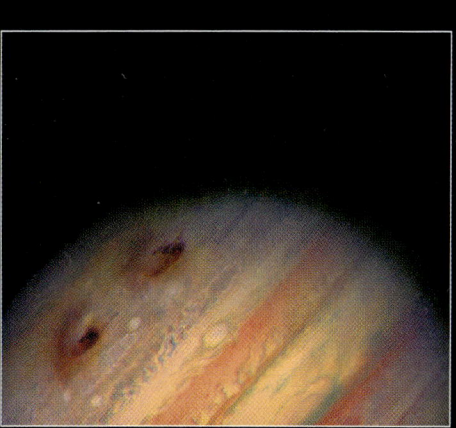

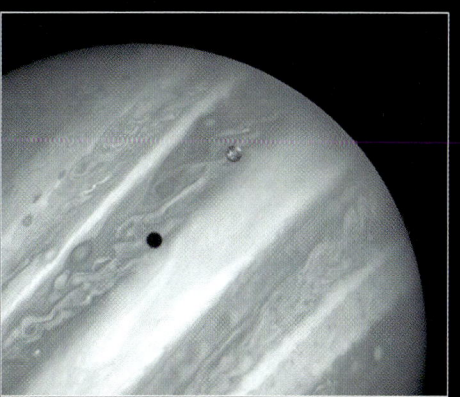

11  Ein Teilstück des zerbrochenen Kometen Schwassmann/ Wachmann, fotografiert von »Hubble« am 18. April 2006.

12  Zwei Einschlagkrater von Bruchstücken des Kometen Shoemaker-Levy 9 auf der Jupiter-Oberfläche vom 20. Juli 1994.

13  Eine seltene Aufnahme des Jupitermonds Io mit seinem Schatten auf der Jupiter-Oberfläche.

14 »Hubble« registriert mit einem Spezialgerät eine Wolke aus Dunkler Materie (rötlich) in einem fernen Galaxie-Haufen.

15 »Hubble's« jüngstes Foto vom Saturn, aufgenommen am 22. März 2004.

16 Der Planet Uranus mit seinem zarten Ringsystem.

## Einleitung

Vor etwas mehr als zehn Jahren erschien mein Buch »Die Rätsel des Universums«. Darin hatte ich versucht, den interessierten Leser mit unserem modernen Bild vom Kosmos vertraut zu machen. Zehn Jahre bedeuten in der 2500-jährigen Wissenschaftsgeschichte nichts. Doch im modernen Wissenschaftsbetrieb mit seinem rasanten technologischen Fortschritt sind sie fast schon eine »Ewigkeit«. Das bestätigte sich beim Blick in mein Archiv: Unter der Rubrik »Astronomie« hat sich in dieser kurzen Zeitspanne beträchtliches Material angesammelt. Man kann ohne Übertreibung von einer Explosion unseres astronomischen Wissens sprechen.

Aber es ist nicht nur so, dass wir heute viel mehr über das Universum wissen als vor zehn Jahren, sondern das Wissen als Ganzes wurde revolutioniert. Mehr denn je ist die Astronomie im Umbruch begriffen. Womöglich müssen grundlegende Fragen zum Wesen des Kosmos vollkommen neu gestellt werden. Vertraute Sichtweisen geraten ins Wanken. Dabei wird eines immer deutlicher: Je mehr wir über das Universum wissen, umso rätselhafter wird es. Die Astronomie ist eine abenteuerliche Wissenschaft. Wer sich auf sie einlässt, kommt aus dem Staunen nicht heraus.

Gewiss, wir leben noch immer im selben Universum, doch wir können es von unserer winzigen Erde aus unter ganz neuen, geradezu atemberaubenden Perspektiven betrachten. Diese verdanken wir vor allem den neuen Forschungsgeräten, voran den Teleskopen, die den Astronomen und Astrophysikern im vergangenen Jahrzehnt zur Verfügung gestellt wurden. Auf ihnen gründet die ganze Vielfalt der neuen Erkenntnisse – und der neuen Fragen, die sich aus ihnen ergeben. Und so soll auch das erste Buchkapitel den neuesten Teleskopen gewidmet sein.

Erstes Kapitel

# DIE NEUESTEN TELESKOPE – UND WAS SIE UNS ZEIGEN

Das Hubble-Weltraumteleskop, einziger in einer Erdumlaufbahn stationierter optischer Himmelsspäher, trat im April 1990 seinen Dienst in rund 600 Kilometer Höhe an. Es liefert bis heute faszinierende Bilder von lichtschwachen Objekten aus den Tiefen des Universums. Dabei war seine Technik, als es ins All geschossen wurde, bereits veraltet. Denn der Start war wegen des Unglücks der Raumfähre »Challenger« (1986) um fast fünf Jahre verschoben worden. Während dieser Wartezeit entwickelten die Forscher neue und bessere Messgeräte, doch an »Hubble« konnte nichts mehr verändert werden. Das war ärgerlich.

Und der Ärger ging weiter. Die Arbeit des 12 Meter langen und 13 Tonnen schweren Geräts begann mit einem Fiasko: »Hubble« erwies sich als kurzsichtig. Einer der Spiegel, mit dem das Teleskop das Sternenlicht einfängt, war fehlerhaft geschliffen worden; die Bilder waren unscharf. Dieser gravierende Mangel konnte zum Glück bei einer ersten Reparatur-Mission im Dezember 1993 behoben werden, indem Astronauten eine so genannte Korrektur-Optik einbauten. Mit ihr ließen sich die Bildverzerrungen des schadhaften Spiegels ausgleichen. Doch bereits nach drei Jahren (1997) musste »Hubble« rundum erneuert, also auf den neuesten Stand der Technik gebracht werden. Zu diesem Zweck wurde eigens ein Spaceshuttle gestartet. Man fing das fliegende Teleskop mit einem Roboterarm ein und holte es in die Ladebucht der amerikanischen Weltraumfähre »Discovery«. »Hubble« wurde mit zwei neuen Spektrografen nachgerüstet. Mit diesen Geräten lässt sich das Licht von Himmelskörpern in seine sichtbaren Farben sowie in seine unsichtbaren infraroten und ultravioletten Anteile zerlegen. Aus den Daten können die Forscher die Geschwindigkeit, die Temperatur und die chemische Zusammensetzung von kosmischen Objekten bestimmen. Vor allem bei der Suche nach Schwarzen Löchern in den Zentren von Galaxien ist diese Technik sehr hilfreich. Zudem wurde »Hubble« noch mit einem Gerät ausgestattet, das speziell Wärmestrahlung registriert – eine Infrarot-Kamera im weitesten Sinn. Damit lassen sich vor allem Sternentstehungsgebiete und sehr weit entfernte – und somit sehr junge – Galaxien studieren.

Es dauerte nicht lange, und »Hubble« machte erneut Probleme: Die beiden Spektrografen arbeiteten mangelhaft; sie reagierten überempfindlich auf gelegentliche Störungen im Erdmagnetfeld. Dann, im November 1999, fielen vier von sechs »Kreiseln« (Gyroskope) aus, die das Teleskop exakt auf die ausgewählten Objekte ausrichten. Wieder mussten Astronauten zu »Hubble« geschickt werden. Gleichzeitig mit der Behebung dieses Defekts tauschten sie einige Geräte des Teleskops aus, etwa den Teleskop-Computer, der noch aus den frühen achtziger Jahren stammte. Zudem musste die äußere Isolierschicht des Teleskops an manchen Stellen ausgebessert werden. Denn »Hubble« taucht auf seiner Kreisbahn um die Erde alle 45 Minuten von der Tag- in die Nachtseite – und umgekehrt. Bei dem Wechsel darf sich das Gerät weder überhitzen noch zu sehr abkühlen.

Nach diesen Nachrüstungen und Reparaturen lieferte »Hubble« Bilder von nie gekannter Schärfe. Doch vier Jahre später (2003) verkündete die amerikanische Luft- und Raumfahrtbehörde NASA das Ende von »Hubble« für das Jahr 2010. Es werde dann durch ein neues Weltraum-Teleskop (»James Webb«) ersetzt. Doch die NASA hatte nicht mit dem heftigen Protest der Astronomen-Zunft gerechnet, der sofort einsetzte. Wieso ein Teleskop aufgeben, das von Jahr zu Jahr spektakulärere Aufnahmen liefert?, fragten die Himmelsforscher. Zudem könne das geplante neue Teleskop das alte in vielerlei Hinsicht nicht ersetzen. Während »Hubble« vorwiegend im Bereich des UV- und des sichtbaren Lichts arbeitet, wird der Nachfolger auf Infrarotlicht (Wärmestrahlung) spezialisiert sein. Allein in diesem Wellenbereich lassen sich die schwach leuchtenden Galaxien am Rande des Universums nachweisen. Hingegen ist

»Hubble« unübertroffen in der Beobachtung von Gasnebeln in unserer Milchstraße, in denen die Entstehungsgebiete neuer Sterne liegen.

Heute (2009) ist das letzte Wort zu »Hubble's« Zukunft noch immer nicht gesprochen. Denn auch das Nachfolgegerät »James Webb« macht bereits Sorgen, noch ehe es sich im Weltraum befindet. Seine Herstellung wird immer teurer. Im Jahr 1995 ging man noch von Kosten in Höhe von einer Milliarde Dollar aus. 2005 waren es bereits 3,5 Milliarden Dollar. Weil eine Erhöhung um eine weitere Milliarde Dollar drohte, zog die NASA die Notbremse. Die Technik von »James Webb« wird nun »abgespeckt« und der Start um zwei Jahre auf Mitte 2013 verschoben. Dadurch können die Kosten auf einen längeren Zeitraum verteilt werden. Für »Hubble« waren diese schlechten Nachrichten gute; die Chance, doch noch länger im All bleiben zu können, war auf einmal wieder gestiegen. Eine längere »Lebensfrist« für »Hubble« wäre aber nur dann sinnvoll, wenn das Gerät ein weiteres Mal repariert werden könnte. Dazu wäre ein weiterer kostspieliger Shuttle-Flug nötig. Doch die NASA hat inzwischen große Probleme mit ihren in die Jahre gekommenen Weltraumfähren. Aus Sicherheitsgründen wollte man mit ihnen nur noch die Internationale Weltraumstation (ISS) anfliegen. Ende 2006 wurde die vorerst letzte Entscheidung zur Zukunft von »Hubble« getroffen: Es wird repariert und mindestens bis 2015 seine unvergleichlichen Bilder aus den Tiefen des Alls liefern. Für den August 2008 war die letzte Reparatur-Mission geplant; sie fand aber erst im Mai 2009 statt. Danach soll die veraltete Spaceshuttle-Flotte ohnehin ausgemustert werden. Während der elftägigen Mission behob die Atlantis-Crew nicht nur die akuten Defekte, sondern installierte auch gleich eine neue optische Hauptkamera. Mit ihr wird »Hubble« künftig 90-mal besser »sehen« als zu Beginn seiner Dienstzeit.

## »Hubble's« Vermächtnis

So weit in Kürze die wechselhafte Geschichte des ersten Weltraum-teleskops, das seit bald zwanzig Jahren auf seiner Erdumlaufbahn kreist. Aber was hat es in dieser Zeit für die moderne Astronomie geleistet? Unglaublich viel! Es funkte bislang über 750 000, zum Teil atemberaubende Bilder zur Erde. Die Datenmenge, die »Hubble« geliefert hat, beläuft sich auf 27 Terabyte (Billionen Byte) und wächst monatlich um weitere 390 Gigabyte (Milliarden Byte). Über 6000 wissenschaftliche Arbeiten basieren auf diesen Daten. Kein anderes Teleskop hat unser Wissen vom Kosmos so tiefgreifend beeinflusst wie »Hubble«. Das heißt nicht, dass mit seiner Hilfe besonders viele Neuentdeckungen gelungen wären. »Hubble's« Bedeutung liegt vielmehr in der engen Zusammenarbeit mit anderen Welt-raum-Satelliten und verschiedenen Großteleskopen auf der Erde. Werden mit anderen Geräten besondere oder gar rätselhafte Ob-jekte im Weltraum entdeckt, so benutzen die Astronomen das Welt-raumteleskop, um möglichst scharfe Bilder von dem fragwürdigen Objekt zu erhalten. Spekulationen verwandeln sich dann meist sehr schnell in neue Erkenntnisse. Diese veranlassen die Wissenschaft-ler, ihre Sicht vom Universum zu überdenken und, wenn nötig, ab-zuändern.

Das »Hubble«-Zeitalter war für die Astronomie ein wahrhaft goldenes. Allein im Jahre 2006 fand »Hubble« zwei neue kleine Pluto-Monde, dazu eine unerklärlich massereiche Galaxie im frü-hen Universum, sowie zum ersten Mal einen planetarischen Be-gleiter eines Braunen Zwergs, eines verhinderten Sterns, wenn man so will. Großes Aufsehen erregte im Juli 1994 der Einschlag des Kometen »Shoemaker-Levy 9« in die Atmosphäre des Planeten Jupiter. So etwas kommt nur etwa alle tausend Jahre vor. Mit »Hubble« konnte dieser Einschlag in allen Einzelheiten beobachtet werden. Bereits ein Jahr zuvor hatte »Hubble« gezeigt, wie der Ko-met in ein Dutzend Teile zerborsten war, von denen das neunte dann auf Jupiter stürzte. So gewannen die Astronomen neue Erkenntnisse über den oberflächlichen Aufbau des Gasriesen. Von der Einschlagstelle in der Atmosphäre breiteten sich Druckwellen mit einer Geschwindigkeit von 450 Metern pro Sekunde aus. Daraus ließen sich Rückschlüsse auf das Gasgemisch ziehen, von dem Jupiter eingehüllt ist. Demnach ist dort das Verhältnis von Sauerstoff zu Wasserstoff zehnmal so groß wie auf der Sonnenoberfläche.

»Hubble« hat auch einen bedeutenden Beitrag bei der Entdeckung von Planeten außerhalb unseres Sonnensystems geleistet; man spricht von extrasolaren Planeten oder kurz: Exoplaneten. Die meisten Astronomen halten inzwischen diesen Forschungszweig für einen der zukunftsträchtigsten in ihrer Wissenschaft, bietet er doch die realistische Chance, einen bewohnbaren Lebensort im All zu finden. Bisher wurden mehr als 300 Exoplaneten mit irdischen Teleskopen aufgespürt, doch »Hubble's« Beobachtungen lieferten mit Abstand die aufschlussreichsten Informationen. Dank »Hubble« gelang erstmals die Bestimmung der chemischen Zusammensetzung eines Exoplaneten.

Einen weiteren wichtigen Beitrag leistete »Hubble« bei der Beobachtung einer Supernova, also der Explosion eines altersschwachen massereichen Sterns in der Großen Magellanschen Wolke. Ihr Licht erreichte am 23. Februar 1987 die Erde. Da war »Hubble« zwar noch nicht im All, aber drei Jahre später konnte man mit seiner Hilfe die weiteren Ereignisse in der kosmischen Umgebung des explodierten Sterns beobachten und dadurch wichtige Rückschlüsse auf die Supernova ziehen.

Mit »Hubble« konnte auch jene astronomische Theorie eindrucksvoll bestätigt werden, die besagt, dass große Galaxien wie unsere Milchstraße über sehr lange Zeiträume anwachsen, indem sie kleinere Galaxien aus ihrer Umgebung in sich aufnehmen. Diese »kannibalische« Vergangenheit konnte »Hubble« unter anderem anhand typischer Sternverteilungen in großen Galaxien nachweisen. Selbstverständlich war »Hubble« auch bei der Suche nach vermuteten Schwarzen Löchern im Zentrum von Galaxien sehr hilfreich.

Beeindruckend – gerade auch für uns Laien – waren die sogenannten Deep-Field-Aufnahmen »Hubble's« in einigen ausgewählten Himmelsregionen. Mit einer extrem langen Belichtungszeit (zwischen 15 und 40 Minuten) wurden über einen Zeitraum von 150 Erdumläufen des Teleskops mehr als 300 Aufnahmen gemacht und zwar im Bereich von vier Wellenlängen (von Infrarot bis Blau). Mit diesen vier Farbauszügen ist es schon möglich, einige wissenschaftliche Fakten über sehr weit entfernte Galaxien zu erhalten. Einige der aufgenommenen Galaxien waren so lichtschwach, dass sie noch nie zuvor gesehen wurden. Sie sind fast so alt wie das Universum selbst. »Hubble« schaute gleichsam in die Kinderstube der Galaxien – wenige hundert Millionen Jahre nach dem Urknall. Diese extrem fernen und damit frühen Galaxien sind 4 Milliarden Mal lichtschwächer als Himmelsobjekte, die gerade noch mit freiem Auge zu erkennen sind. In einem winzigen Himmelsausschnitt von nur einem Dreißigstel des Monddurchmessers konnten etwa 1500 Galaxien der unterschiedlichsten Typen identifiziert werden. »Hubble« bohrte gleichsam ein Loch in den Himmel. Wie in einem Bohrkern erschlossen die Aufnahmen »Schicht für Schicht« einen winzigen Ausschnitt des Universums. Es zeigte sich, dass die sehr frühen Galaxien kleiner und auch unregelmäßiger geformt sind als man bis dahin angenommen hatte.

Aber damit sind noch immer nicht alle Verdienste von »Hubble« benannt. Eine der jüngsten Theorien zur Entwicklung des Universums, die Theorie der Dunklen Materie, konnte durch Beobachtungen »Hubble's« gestärkt werden. Diese Theorie besagt, dass eine vorerst noch unbekannte kosmische Energie dafür sorgt, dass sich das Universum nicht bloß mit gleichbleibender Geschwindigkeit ausdehnt, sondern immer schneller. Den Messungen zufolge hat diese beschleunigte Phase der Ausdehnung »erst« vor etwa 5 Milliarden Jahren eingesetzt. Bis dahin hatte sich die vom Urknall bewirkte Ausdehnung vermutlich sogar verlangsamt. Im Jahre 2004 entdeckte »Hubble« 16 weit entfernte Supernovae, die diese kritische Übergangsphase abdecken und helfen, die verschiedenen

Theorien zur Dunklen Energie einzuschränken. Hierzu bedarf es freilich noch weiterer Beobachtungen von weit entfernten Supernovae. Diese kann derzeit nur »Hubble« in der nötigen Qualität liefern. Das war wohl auch das entscheidende Argument für den Erhalt von »Hubble« bis zur Mitte des kommenden Jahrzehnts.

## Das Very Large Telescope (VLT)

Von den auf der Erde installierten Großteleskopen reicht derzeit nur eines an »Hubble's« Leistung heran: das VLT (Very Large Telescope). Es wird von der Europäischen Südsternwarte (ESO) auf dem chilenischen Berg Cerro Paranal betrieben. Mehr als eine Milliarde Euro hat die Europäische Gemeinschaft seit Ende der achtziger Jahre ausgegeben, um in dem für astronomische Beobachtungen idealen Wüstenklima der chilenischen Anden das bislang größte Himmelsauge der Welt zu errichten. Es könnte, so heißt es, das Nummernschild eines abgestellten Autos auf dem Mond entziffern. Das VLT besteht aus vier Einzelteleskopen mit jeweils einem 8,2-Meter-Spiegel. Dieses Teleskop eignet sich vor allem für die Erforschung weit entfernter, also junger Galaxien. Die optische Empfindlichkeit des VLT ist so groß, dass gleichzeitig Informationen über Ursprung *und* Entwicklung junger Galaxien gewonnen werden können. Doch außer trockenen wissenschaftlichen Daten für die Fachleute liefert das VLT auch faszinierende, besonders durch ihre Schärfe beeindruckende Bilder. Selbst bei den fernsten Galaxien können noch Strukturen erkannt werden, die nur 170 Lichtjahre auseinander liegen. Wenn man bedenkt, dass eine Galaxie von der Größe unserer Milchstraße etwa 100 000 Lichtjahre im Durchmesser hat, ist die erreichte Auflösung erstaunlich. Wenn in Zukunft alle vier Spiegel des VLT zusammen mit drei kleineren vernetzt sein werden, dürfen wir Bilder erwarten, die hundertmal schärfer sind als die von »Hubble«. Dann sollen sogar

Planeten ferner Sterne direkt zu beobachten sein. Die Koppelung mehrerer Teleskop-Spiegel gelingt nur mit einem speziellen Verfahren, Interferometrie genannt. Dieses erfordert eine besonders trickreiche und unglaublich präzise Technik. Der Trick besteht darin, die bis zu 130 Meter voneinander entfernt stehenden Spiegel gleichzeitig auf ein Himmelsobjekt auszurichten und die eintreffenden Signale in einem Punkt zu vereinen. Zu diesem Zweck müssen die von den Spiegeln getrennt eingefangenen Lichtstrahlen über komplizierte Systeme in einen Tunnel unterhalb der Teleskope geleitet, dort zusammengeführt und nach 200 Metern in einer Kamera exakt in einem Punkt vereint werden. Das gelingt nur, wenn die zurückgelegten Wege der Lichtstrahlen bis auf einen Tausendstel Millimeter gleich lang sind. Da sich aber der Sternhimmel während der minutenlangen Beobachtung über die Spiegel hinweg bewegt, ändern sich die Weglängen der Lichtstrahlen ständig. Innerhalb einer Minute macht das bereits etwa einen Zentimeter aus. Ohne Korrektur wäre die Aufnahme unbrauchbar. Diese leistet ein besonderer Spiegel, der im Strahlengang montiert ist. Er wird pausenlos so bewegt, dass die Lichtwege von den Teleskop-Spiegeln bis zur Kamera stets gleich lang sind. Mit dieser Entzerrungsmethode könnte das VLT die beiden Scheinwerfer eines Autos, das 35 000 Kilometer entfernt ist, getrennt voneinander wahrnehmen. Eine solche »Sehschärfe« wird allerdings nur erreicht, wenn nicht nur die Bewegung des Himmels über dem Teleskop ausgeglichen wird, sondern ebenso die Luftunruhe in der Erdatmosphäre – ein Problem, das »Hubble« im luftleeren Weltraum nicht hat. Zu diesem Zweck ist das VLT mit einem sogenannten »adaptiv-optischen System« (Naos) ausgerüstet; damit lässt sich während der Aufnahme eine durch Luftunruhe verursachte Bildunschärfe korrigieren. Diese Feinarbeit leistet ein flexibler Spiegel, dessen Oberfläche computergesteuert 500-mal pro Sekunde verändert wird, um so die winzigste gemessene Luftunruhe sofort auszugleichen. Erst danach wird das Licht zur Kamera – genannt Conica – geleitet. Unter »Kamera« hat man sich in diesem Fall ein rund eine Tonne schweres

Gerät vorzustellen, das aus sieben Einzelkameras besteht. Diese sind auf einem Rad montiert, mit dem sie sich in den Strahlengang drehen lassen. Ähnlich wie beim Objektivwechsel an einem klassischen Fotoapparat sind damit Aufnahmen mit unterschiedlicher Auflösung möglich. Diese astronomische Spezialkamera funktioniert allerdings nur unterhalb einer Temperatur von minus 210 Grad Celsius. Bei höheren Temperaturen würde sie von ihrer eigenen Wärmeabstrahlung geblendet werden.

## Für jede Lichtfrequenz ein eigenes Teleskop

Während das Weltraumteleskop »Hubble«, wie schon erwähnt, mehr im Bereich des ultravioletten und sichtbaren Lichts arbeitet, ist das VLT vor allem für den Infrarot-Bereich angelegt, also für die Wärmestrahlung, die von kosmischen Objekten zu uns gelangt. Beobachtungen in diesem Wellenbereich des Lichts werden für die Astronomen immer bedeutender. Sie ermöglichen es, in dichte kosmische Staubwolken hineinzuschauen, in denen die »Geburtsstätten« von Sternen und Planeten liegen. Denn nur die Wärmestrahlung dringt durch sie hindurch. Zudem eignet sich die Infrarot-Beobachtung besonders gut für Braune Zwerge, die hauptsächlich in diesem Wellenbereich strahlen.

Wie wichtig die Astronomen die Forschung im Infrarot-Bereich nehmen, sieht man auch daran, dass die NASA im August 2003 ein besonders leistungsstarkes Infrarot-Messgerät ins Weltall schickte: die Raumsonde SIRTF (Space Infrared Telescope Facility). Ursprünglich war die Mission schon in den siebziger Jahren geplant, musste jedoch aus Kostengründen immer wieder verschoben werden.

Seit man 1993 mehr oder weniger zufällig den ersten Planeten außerhalb unseres Sonnensystems entdeckte, arbeiteten Wissenschaftler an einem Satelliten-Teleskop, das sich ausschließlich auf

Planetensuche in fernen Sternsystemen begeben soll. Im Dezember 2006 war es dann so weit: Das 600 Kilogramm schwere Gerät mit Namen Corot wurde mit einer russischen Sojus-Rakete ins All geschossen und sucht seitdem nach einer zweiten »Erde«.

Wichtige Informationen über ferne Himmelskörper gelangen auch über die langwellige Radiostrahlung zu uns. Für deren Empfang gibt es seit langem schon entsprechende Radioteleskope. Das größte von ihnen steht seit mehr als vierzig Jahren in einem Talkessel auf der Insel Puerto Rico: das Arecibo-Observatorium mit einem Reflektor-Durchmesser von 300 Metern. Es bedeckt eine Fläche von 25 Fußballfeldern und dient unter anderem zum Abhorchen des Alls nach Signalen außerirdischer Zivilisationen – bislang ohne Erfolg. Aber man kann dieses gigantische Radioteleskop auch als eine Art Radargerät einsetzen, um beispielsweise erdnahe Asteroiden (Kleinstplaneten) aufzuspüren. Auf diese Weise gelang im Jahre 2006 die Beobachtung eines nur 1,5 Kilometer großen erdnahen Asteroiden, der von einem winzigen Mond umrundet wird. Untersuchungen dieser Art sind nur mit dem Arecibo-Teleskop möglich. Mit dieser Radartechnik haben die Radio-Astronomen auch schon andere Asteroiden und Planeten untersucht. So konnte mit dieser Beobachtungsmethode eine jahrelang akzeptierte These widerlegt werden, wonach es auf dem Mond große Mengen von Eis geben soll. Es gibt dort, wie man jetzt weiß, nur geringe Eismengen in tiefen, von den Sonnenstrahlen nicht zu erreichenden Schluchten an den Polen.

Wegen seiner enormen Größe ist das Arecibo-Teleskop das empfindlichste astronomische Messgerät der Erde, freilich nur auf dem Gebiet der Radiostrahlung. Die Volksrepublik China erwägt den Bau einer 500-Meter-Radioschüssel. Umgekehrt wird in den USA darüber nachgedacht, das Arecibo-Teleskop aus Spargründen stillzulegen, obwohl es erst vor wenigen Jahren mit großem Aufwand modernisiert wurde.

In Nordkalifornien wird derzeit an einem Radioteleskop-Verbund aus 350 Schüsseln mit je sechs Metern Durchmesser gearbeitet. Anfang 2008 standen schon 42 dieser Schüsseln in einem

Talkessel. Das Teleskop-System trägt den Namen »Paul Allen Telescope Array (ATA)« und soll rund um die Uhr ausschließlich der Suche nach Außerirdischen dienen.

## Röntgen- und Gammastrahlen – die »härtesten« Informationen aus dem All

Während es also auf dem Gebiet der Radioteleskopie wenig Neues zu berichten gibt, war in den vergangenen Jahren auf dem Gebiet der extrem kurzwelligen Strahlung – also Röntgen- und Gammastrahlung – eine geradezu hektische Aktivität zu beobachten. Im Sommer 1999 starteten die USA ihr Röntgen-Teleskop Chandra, im Winter desselben Jahres folgten die Europäer mit ihrem Teleskop XMM (X-ray Multi Mirror). Mit elf Metern Länge und vier Tonnen Gewicht ist es der größte Forschungssatellit, den die Europäische Weltraumbehörde jemals gebaut hat.

Die Röntgen-Astronomie ist eine der jüngsten und schwierigsten Disziplinen der Weltraumforschung. Weil die Erdatmosphäre diese energiereiche und für den Menschen schädliche Strahlung aus dem Weltraum abschirmt, kann man sie nur außerhalb der schützenden Lufthülle erforschen. Der Vorgänger von XMM, genannt Rosat, hatte insgesamt etwa 150 000 Röntgenquellen im Kosmos entdeckt. XMM soll bis 2010 mithilfe von drei parallel arbeitenden Teleskopen eine Million weitere Objekte finden. Vor Rosat, also bis zum Jahre 1990, kannten die Astronomen nur etwa 1000 Röntgenquellen im Universum. Erstmals werden bei XMM lichtempfindliche Halbleiter verwendet – nicht anders als in gewöhnlichen Digitalkameras –, um Licht in elektronische Signale umwandeln zu können. Die bei XMM verwendeten Halbleiter sind zudem in der Lage, feinste Energieunterschiede in der Röntgenstrahlung zu bestimmen und diese als Farben darzustellen. Damit werden erstmals »Farbbilder« vom Röntgenhimmel möglich.

Die Röntgenstrahlung ist wesentlich energiereicher als sichtbares oder UV-Licht; sie wird ausschließlich von sehr heißer Materie abgestrahlt. XMM beobachtet deshalb Himmelskörper oder Gase, die zwischen 1 Million und 100 Millionen Kelvin heiß sind, also etwa die heißen Gasnebel, die von explodierenden Sternen (Supernovae) übrig bleiben. Auch in der unmittelbaren Nähe von Schwarzen Löchern wird Röntgenstrahlung erzeugt; sie wird von der erhitzten Materie ausgesandt, die von einem Schwarzen Loch angesaugt wird und strudelartig in dieses hineinstürzt. Röntgenstrahlung ist oft auch ein Hinweis auf aktive Sternentstehungsgebiete im Innern kosmischer Staubmassen.

Noch energiereicher als Röntgenstrahlen sind Gammastrahlen. Dabei handelt es sich um eine sogenannte nichtthermische Strahlung; diese wird nicht von hoch erhitzter Materie ausgesandt, sondern entsteht bei der Umwandlung von Atomkernen, etwa bei einer Kernspaltung oder Kernfusion. Entsprechend der Winzigkeit von gespaltenen oder miteinander verschmolzenen Atomkernen ist auch die von ihnen ausgehende Gammastrahlung extrem kurzwellig und damit energiereich. Im Kosmos entsteht Gammastrahlung bei all jenen Vorgängen, die mit den stärksten vorkommenden Energieausbrüchen einhergehen: Sternexplosionen und Einsaugen von Materie in Schwarze Löcher. Gammastrahlung entsteht auch beim Verschmelzen von Neutronensternen oder Schwarzen Löchern, die einander zu nahe gekommen sind. Wie die Röntgenstrahlung, so vermag auch die Gammastrahlung die Erdatmosphäre nicht zu durchdringen; auch sie bleibt gleichsam in der irdischen Lufthülle stecken. Ohne diesen Schutz würde alles Leben auf der Erde vernichtet. Kosmische Gammastrahlung kann also ebenfalls nur jenseits der Atmosphäre direkt gemessen werden. Zu diesem Zweck schickte die NASA Anfang der 1990-er Jahre das erste Gammastrahlen-Observatorium, Compton genannt, in eine Erdumlaufbahn. Mit diesem Satelliten konnten die Astronomen neun Jahre lang einen bestimmten Bereich des nach oben offenen Gammastrahlen-Spektrums beobachten. Im Oktober 2002 folgte ein europäisches Gamma-Teleskop namens Integral. Die technischen Anforderungen sind beim Aufspüren dieser hoch energetischen Strahlung sehr groß. Gammastrahlen lassen sich wegen ihrer hohen Energie nicht mit Linsen oder Spiegeln einfangen, ablenken oder fokussieren (in einem Brennpunkt sammeln). Integral arbeitet deshalb mit einer Art Maskentechnik: Eine mehrere Zentimeter dicke Metallplatte, in die ein Lochmuster eingestanzt ist, verschließt das »Objektiv« des Teleskops. Die Gammastrahlen gelangen so nur durch die Löcher auf den Detektor (=Nachweisgerät), wo sie das Muster der Maske abbilden. Aus diesem »Schattenwurf« errechnet ein Computer Position und Gestalt des Himmelskörpers, der die Gammastrahlung ausgesandt hat. Diese »Optik« unterscheidet Integral von seinem Vorgänger Compton. Dieses Gerät vermochte nur die Richtung der einfallenden Gammastrahlung zu bestimmen, ohne sagen zu können, ob es sich um ein punktförmiges oder ausgedehntes Strahlungsobjekt handelte. Integral beobachtete zum Beispiel eingehend das Zentrum unserer Milchstraße, wo, wie man längst weiß, ein gewaltiges Schwarzes Loch sitzt; dieses produziert pausenlos Gammastrahlung – eine Art Vernichtungsschrei der von ihm verschluckten Materie.

Seit Anfang 2005 sucht das NASA-Weltraumteleskop »Swift« ebenfalls den Himmel nach Gammastrahlen ab, speziell nach Gammastrahlen-Blitzen (Gamma-Ray-Bursts). Solche entstehen, wenn extrem massereiche Sterne, wie es sie zur Frühzeit des Universums gegeben hat, explodieren.

Seit einigen Jahren gibt es eine äußerst trickreiche Methode, Gammastrahlen indirekt auch auf der Erdoberfläche zu erfassen: das sogenannte Hess-Experiment. Es nutzt die Tatsache, dass beim Auftreffen von Gammastrahlung auf die Erdatmosphäre ein Schauer aus schnellen Materieteilchen erzeugt wird, ein sogenannter Luftschauer. Dieser löst in rund 8 Kilometer Höhe wiederum einen bläulichen Lichtblitz aus, der sich kegelförmig zur Erdoberfläche ausbreitet und dort von vier innerhalb dieses Lichtkegels aufgestellten Teleskopen gleichzeitig registriert werden kann. Diese

»Stoßwelle« von Materieteilchen, die sich als Lichtblitz bemerkbar macht, wird nach dem russischen Physiker, der den Effekt 1934 entdeckte, als Tscherenkow-Strahlung bezeichnet. Aus den eingehenden Daten lässt sich ein Bild der kosmischen Gamma-Quelle errechnen. Es gibt allerdings ein Problem bei dieser »Tscherenkow-Astronomie«: Da sowieso ständig ein Bombardement von schnellen Materieteilchen auf die Erde niedergeht, ist es sehr schwierig, jene durch kosmische Gammastrahlung erzeugten Signale herauszufiltern. Nur mit Hilfe einer ausgetüftelten, sehr kostspieligen Messtechnik ist dies möglich. Es zeigt sich, dass von den rund hundert Schauern, die das Teleskop-System pro Sekunde registriert, nur einer während zehn Sekunden das Signal eines Gammastrahls ist. An solch einem Beispiel kann man sehen, wie kompliziert und für uns Laien kaum noch nachvollziehbar die astronomische Forschung inzwischen geworden ist.

## Ein Teleskop mit zwei »Augen«

Unseren Ausflug in die Welt der modernsten derzeit arbeitenden Teleskope beschließen wir mit einem Blick auf das LBT (Large Binocular Telescope), das seit Oktober 2005 im US-Staat Arizona als gigantischer Feldstecher mit zwei 8,4 Meter großen Hauptspiegeln, die auf einem gemeinsamen Gestell montiert sind, in den Nachthimmel späht. Der Betriebsaufnahme ging eine knapp zwanzigjährige Planungs-, Konstruktions- und Bauphase voraus. Aber wozu zwei Spiegel?, so fragen wir uns. Nun, um bessere Informationen über das beobachtete Objekt zu erhalten. Denn das Licht von weit entfernten Sternen erreicht in der Regel einen der beiden Spiegel ein bisschen früher als den anderen. Aus der winzigen zeitlichen Differenz der Signale können die Astronomen wichtige Informationen über den beobachteten Stern errechnen, die mit einem einzigen Spiegel nicht zu bekommen sind. Auch der

Blick mit beiden Augen ist präziser, als wenn wir nur mit einem Auge schauen. Vorerst schaut das LBT allerdings nur mit einem »Auge« ins All; erst im Laufe des Jahres 2009 wird es seine volle, das heißt »zweiäugige« Leistungsfähigkeit erreichen. Die »Sehschärfe« des LBT wird dann zehnmal so groß sein wie die von »Hubble«. Um das zu verdeutlichen: Das menschliche Auge kann in dunkler Nacht eine brennende Kerze noch in drei Kilometer Entfernung wahrnehmen. Mit einem durchschnittlichen Fernglas gelingt das noch in rund 10 Kilometer Entfernung. Das Hubble-Weltraumteleskop würde sie noch in 400 000 Kilometer Entfernung erkennen. Beim LBT könnte man die brennende Kerze in 2,5 Millionen Kilometer Entfernung aufstellen – und immer noch wahrnehmen.

Die Aufgaben des LBT werden vielfältig sein, nicht anders als bei »Hubble« auch: Aufspüren von extrasolaren Planeten und Trabanten unserer Sonne jenseits der Pluto-Bahn, Beobachten ferner Galaxien, schließlich von Schwarzen Löchern und Neutronensternen, den beiden möglichen Überresten von explodierten massereichen Sternen. Selbst schwächste kosmische Magnetfelder können mit einem besonderen Zusatzinstrument, Polarimeter genannt, aufgezeichnet werden. Die kosmische Magnetfeld-Forschung hat sich ganz im Stillen zu einer zentralen Disziplin der modernen Astronomie entwickelt. Mit ihrer Hilfe, so hofft man, werden die komplizierten und noch weitgehend unbekannten Prozesse bei der Sternentstehung verständlicher werden. Auch die Erforschung von Magnetfeldern ganzer Galaxien steckt noch in den Kinderschuhen und wird durch die Arbeit am LBT gewiss vorangebracht. Vorerst wissen wir noch nicht einmal, wie galaktische Magnetfelder zustande kommen. Möglicherweise gibt es sogar eine Art von magnetischer Vernetzung aller Galaxien.

Eine Vielzahl anderer Spezialinstrumente des LBT liefern besondere Daten zum infraroten oder UV-Bereich des einfallenden Lichts. Sie sind auch in der Lage, die unterschiedlichen Lichtwellenlängen bis auf wenige Hundertstel eines Atomdurchmessers voneinander zu trennen. Damit lassen sich detaillierte Aufschlüsse über die elementare Zusammensetzung von Sternen gewinnen.

Wer jetzt meint, die Wünsche der Astronomen seien mit all diesen Geräten erfüllt, der irrt. Astronomen sind in ihren Wünschen unersättlich. Denn mit jeder Lösung eines kosmischen Rätsels werden in der Astronomie mindestens zwei neue aufgeworfen. Und diese verlangen wiederum nach noch besseren Beobachtungsgeräten – eine unendliche Geschichte, unendlich wie der Kosmos selbst. Obwohl das LBT noch gar nicht richtig arbeitet, steht jetzt schon fest, dass es bereits in zwanzig bis dreißig Jahren veraltet sein wird. Mit welchen Teleskopen die Astronomen dann arbeiten werden, ist auch schon klar; diese sind bereits in der Planung, an einigen wird sogar schon gebaut. Der Trend geht dabei zu regelrechten Teleskop-Giganten, was zunehmend Probleme bei der Datenverarbeitung schafft. Das Datenmanagement vermag kaum noch mit der Entwicklung der Teleskop-Technologie Schritt zu halten.

## »Hubble's« Nachfolger: Das Weltraumteleskop James Webb

Da das Weltraumteleskop Hubble seine Glanzzeit hinter sich hat, steht sein Nachfolger ganz oben auf der Planungsliste der Astronomen: das bereits erwähnte Weltraumteleskop James Webb in seiner »abgespeckten« Version. Nach der derzeitigen Planung der NASA soll es Mitte des Jahres 2013 mit der europäischen Trägerrakete Ariane 5 ins All gelangen. Allerdings wird schon jetzt der Starttermin ständig nach hinten verlegt. Etwa 1,5 Millionen Kilometer von der Erde entfernt, also dem vierfachen Abstand zum Mond, wird es gemeinsam mit der Erde, aber stets in ihrem Schatten, um die Sonne kreisen. Anders als bei »Hubble« werden wegen der großen Entfernung zur Erde Reparaturen unmöglich sein. Dass das James-Webb-Teleskop nicht in eine erdnähere Umlaufbahn gebracht wird wie sein Vorgänger, hat mehrere Gründe: Zum einen verdeckt die Erdkugel dort draußen nicht die Sicht auf einen Großteil des Himmels. Zum andern wird es, anders als »Hubble«, nicht vorrangig im Bereich des sichtbaren Lichts und des UV-Lichts, sondern im Infrarot-Bereich (Wärmestrahlung) beobachten. Man muss deshalb das Teleskop von jeder Wärmequelle fernhalten, und zwar nicht nur von der Sonne, sondern ebenso von der Erde. Das Teleskop wird sich zu diesem Zweck im Erdschatten verstecken und dort auf minus 230 Grad Celsius abgekühlt sein.

»James Webb« wird in seinen Ausmaßen viel größer sein als das omnibusgroße Hubble-Teleskop, doch dabei wesentlich leichter. Seit Anfang 2005 läuft der Bau dieses astronomischen Großgeräts. Die größte technische Herausforderung besteht im Bau des Teleskop-Spiegels, der einen Durchmesser von 6,5 Metern haben soll. Zu Beginn der Planung dachte man sogar an einen 8-Meter-Spiegel. Für den Transport in der Rakete muss der aus mehreren Segmenten bestehende Spiegel zusammengefaltet werden. Erst im Weltraum werden sich die Einzelteile wie Blütenblätter entfalten. Nie zuvor haben Weltraum-Ingenieure ein derart schwieriges Manöver gewagt; es erfordert eine Genauigkeit von ein paar hunderttausendstel Millimetern. Und noch nie war ein Himmelsspäher so teuer: 3,5 Milliarden Dollar – eine buchstäblich astronomische Summe.

Etwas kostengünstiger könnte ein geplantes Riesenteleskop auf der Erde werden, das den Namen »OWL« trägt. Das Kürzel steht für »Overwhelmingly Large Telescope« (Überwältigend großes Teleskop). Es soll mit einem 100-Meter-Spiegel ausgerüstet und so groß wie die Cheops-Pyramide sein. Es wird zehnmal mehr Licht einfangen können als alle Großteleskope der Welt zusammen. Die bislang größten Einzelspiegel (des Keck-Observatoriums auf Hawaii) bringen es nur auf Spiegeldurchmesser von jeweils zehn Metern. Der Riesenspiegel wird allerdings nicht aus einem Stück gefertigt – er würde unter seinem eigenen Gewicht zerbrechen –, sondern bienenwabenartig aus ca. 2000 sechseckigen Einzelspiegeln zusammengesetzt, von denen jeder 1,6 Meter groß ist. OWL wird so scharf sehen, dass es noch in 1000 Kilometer Entfernung die Augen einer Fliege unterscheiden könnte. Dafür wird es freilich nicht eingesetzt werden; vielmehr soll es, wie alle anderen modernen Großteleskope, nach erdähnlichen Planeten in anderen Sonnensystemen suchen, ja möglicherweise dort sogar atmosphärische Spuren von Leben nachweisen. Ein Teleskop, das einen erdähnlichen Planeten bei einem anderen Stern in unserer galaktischen Nachbarschaft entdecken wollte, muss mindestens mit einem 80-Meter-Spiegel ausgerüstet sein.

Wenn man vom Spiegeldurchmesser eines Teleskops spricht, meint man immer den Hauptspiegel. Dieser reflektiert und bündelt das einfallende Licht. Dieses wird anschließend zu einem kleineren Sekundärspiegel gelenkt, dort erneut reflektiert und endlich in einem Punkt gebündelt, wo es von den Forschern betrachtet und mit entsprechenden elektronischen Detektoren analysiert werden kann. Nicht nur die Größe des Hauptspiegels ist für das »Sehen« des Teleskops entscheidend, sondern ebenso die Empfindlichkeit der Detektoren. Zur Mitte des vorigen Jahrhunderts wurden zur Bildaufzeichnung noch gewöhnliche Fotoplatten verwendet; sie konnten allerdings nur wenige Prozent des einfallenden Lichts registrieren. Moderne elektronische Detektoren haben eine Empfindlichkeit von nahezu 100 Prozent. Auf diesem Gebiet ist somit keine Verbesserung mehr möglich. Folglich muss man die Hauptspiegel immer größer machen, um immer noch tiefer ins All schauen zu können. Eine hohe Empfindlichkeit bei der Beobachtung lichtschwacher Himmelsobjekte ist allerdings nur eine der beiden Grundanforderungen an ein Teleskop. Man will ja auch Feinheiten erkennen; dazu bedarf es eines möglichst hohen Auflösungsvermögens. Dieses zu erreichen, ist bei irdischen Teleskopen äußerst schwierig, denn die bewegte Luft in der Atmosphäre verschmiert die winzigen Details. Aber auch dieses Problem ist längst lösbar, wie wir weiter oben schon gesehen haben. Dazu muss der Brennpunkt des Teleskops in Bruchteilen einer Sekunde so nachgestellt werden, dass die Luftunruhe vollkommen ausgeglichen wird. Ein Steuerungscomputer muss die Form des Spiegels mehrere hundertmal pro Sekunde aktualisieren. Seine Informationen gehen in Echtzeit an ein System kleiner Kolben (Aktuatoren), das gegen die Rückseite des Spiegels drückt und so die Form seiner Oberfläche derart reguliert, dass die Verschmierung durch die Luftunruhe exakt ausgeglichen wird. Dieses System wird als adaptive Optik bezeichnet.

Im November 2005 kam ein internationales Komitee zu dem Schluss, dass OWL zwar machbar, aber in technischer Hinsicht äußerst riskant sei. Es sei ungewiss, ob eine adaptive Optik bei einem derart gigantischen Gerät überhaupt funktionieren werde. Immerhin wäre dafür ein System von 100 000 Aktuatoren nötig. Deren Steuerung könnte derzeit kein Computer leisten. Aber auch die Computerleistung wird ja pausenlos gesteigert, weshalb man hofft, bis zur Fertigstellung von OWL die nötige Rechenleistung zur Verfügung zu haben.

Zurzeit sind noch vier weitere Großteleskope in der Planungsphase, unter ihnen das GMT (Giant Magellan Telescope), bei dem sieben runde 8,4-Meter-Spiegel kombiniert werden sollen. Der erste von ihnen wird bereits produziert.


## Die Teleskope der Zukunft: immer größer, immer raffinierter

Was die Zukunft der Teleskope betrifft, ist eines klar: Sie werden immer noch größer werden, obwohl sie schon jetzt gigantisch sind. Ihre Verwirklichung ist letztlich nur eine Frage des Geldes. Auftretende technische Probleme, das hat die Vergangenheit gezeigt, werden früher oder später gelöst. Und eine zweite, ebenso banale Erkenntnis lautet: Was theoretisch machbar erscheint, wird irgendwann auch praktisch umgesetzt. Das gilt mittlerweile auch für die Idee des flüssigen Teleskopspiegels: Flüssiges Quecksilber in einer gleichmäßig rotierenden Schale bildet eine paraboloide Oberfläche aus. Mit ihr lässt sich, nicht anders als bei herkömmlichen Parabolspiegeln, Sternlicht sammeln und fokussieren. Der Vorteil solcher Flüssigspiegelteleskope (LMTs = Liquid Mirror Telescopes): Sie sind viel preisgünstiger als vergleichbare Geräte mit Glasspiegeln. Ihr Nachteil: Sie lassen sich den Sternbewegungen am Nachthimmel nicht nachführen, denn die Rotationsachse muss bei einem LMT immer senkrecht stehen, damit die paraboloide Form des Flüssigspiegels zustande kommt. Ein LMT kann also immer nur senkrecht nach oben blicken. Bei längeren Belichtungszeiten würden die punktförmigen Sterne regelrechte Bahnen auf der Fotoplatte hinterlassen. Eine spezielle Technologie, die auch in modernen Digitalkameras ihren Dienst tut, vermag diesen störenden Effekt jedoch auszugleichen. Bei der NASA gibt es sogar die Idee, ein riesiges LMT auf dem Mond zu errichten, denn dort herrschen ideale Bedingungen für ein flüssiges Teleskop: keine Luftturbulenzen, keine Wirbel über der Flüssigkeitsoberfläche. Wegen der geringen Schwerkraft auf dem Mond könnte man dort in Leichtbauweise einen bis zu 100 Meter großen Flüssigspiegel aufstellen. Allerdings würde Quecksilber auf dem Erdtrabanten gefrieren, weshalb man andere Flüssigkeiten dafür verwenden müsste. Pläne hierzu werden an der Universität von Arizona bereits entwickelt. Unklarheit herrscht auch bei der Frage, ob die Instrumente dem Dauerbeschuss durch kosmische Strahlungsteilchen und dem intensiven UV-Licht der Sonne standhalten würden.

# Zweites Kapitel

# DAS NEUESTE VON FERNEN GALAXIEN

Das unstillbare Verlangen der Astronomen nach immer größeren Teleskopen hat einen einzigen Grund: Sie möchten immer schärfer und tiefer ins Universum blicken. »Immer tiefer« bedeutet: immer näher an den Urknall heran. Den Urknall selbst wird der Mensch leider niemals zu Gesicht bekommen; ihn umgibt ein undurchdringlicher Schleier aus extrem heißer Materie, ein brodelndes Gemisch aus Wasserstoff- und Heliumkernen, aus Elektronen, Neutrinos und Photonen. Erst etwa 380 000 Jahre nach dem Urknall wurde das bis dahin extrem heiße und »breiige« Universum »durchsichtig«. Erst von da an war das Universum so weit abgekühlt, dass sich die positiv geladenen Atomkerne und die negativ geladenen Elektronen zu elektrisch neutralen Atomen verbinden konnten. Die fortan in den Atomen gebundenen Elektronen behinderten nicht mehr die freie Bewegung der Photonen, also der Lichtteilchen, was ja die Voraussetzung dafür ist, dass wir etwas sehen können. Materie (Atome) und Strahlung (Licht) hatten sich voneinander abgekoppelt und gingen getrennte Wege. Die Strahlung verlor sich in dem unablässig expandierenden und dabei abkühlenden Weltraum. Die Wasserstoff- und Heliumatome hingegen verdichteten sich wegen der Massenanziehungskraft zu kosmischen Gaswolken. Aus diesen entstanden die ersten Sterne und Galaxien.

Das Früheste, das beim Teleskop-Blick in die kosmische Vergangenheit beobachtet werden kann, ist also jene Phase, in der sich Materie und Strahlung entkoppelt haben. Ob zukünftige Teleskope jemals so weit an den Urknall heranreichen werden, ist fraglich. Theoretisch ist es möglich. Die stärksten Geräte reichen heute bis einige hundert Millionen Jahre an den Urknall heran. Wenn man bedenkt, dass das Universum 13,7 Milliarden Jahre alt ist, ist das nur noch »einen Steinwurf weit« vom Urknall entfernt.

Wenn wir den Urknall auch niemals sehen können, so können wir zumindest sein »Echo« wahrnehmen – eine Art kosmisches Nachglühen, das den gesamten Weltraum erfüllt. Diesem entspricht die Temperatur des heutigen Universums von 2,7 Kelvin über dem absoluten Nullpunkt (0 Kelvin = -273,15 Grad Celsius). Vom unendlich heißen Urknall hat sich das Universum in seiner 13,7 Milliarden Jahre währenden Ausdehnung auf frostige 2,7 Kelvin abgekühlt. Dieses schwache »Nachglühen« knapp über dem absoluten Temperatur-Nullpunkt wird als kosmische Hintergrundstrahlung bezeichnet.

Seit über vier Jahren sammelt der Satellit WMAP (Wilkinson Microwave Anisotropy Probe) Daten zur Hintergrundstrahlung. Sie liefern unter anderem auch indirekte Aufschlüsse zur Entstehung erster Sterne; diese haben sich etwa 300 Millionen Jahre nach dem Urknall gebildet. Die Zusammenballung von Gasmassen zu Sternen kann WMAP als winzige Temperaturunterschiede in der Hintergrundstrahlung wahrnehmen.

Dagegen haben wir bislang nur spärliche Informationen darüber, wann und wie sich die ersten Galaxien gebildet haben. Es ist durchaus nicht so, dass Sterne von jeher nur in Galaxien entstanden sind. In der Frühphase des Universums gab es vermutlich Sterne, ohne dass bereits Galaxien vorhanden gewesen wären. Solche »Ur-Sterne« sind allerdings noch niemals mit einem Teleskop entdeckt worden; die Notwendigkeit ihrer Existenz ergibt sich allein aus der Computersimulation. Auf diesem Weg versuchen Astrophysiker die Eigenschaften dieser frühen Sterngiganten, die bis zu 500-mal schwerer waren als die Sonne, zu ergründen. Sie wollen verstehen, wie die ersten Vorfahren unserer Sonne die Entwicklung des Universums beeinflusst haben, und gleichzeitig Strategien entwickeln, mit denen sich Überreste früher Riesensterne aufspüren lassen.

## Die ersten Sterne und Galaxien
## im frühen Universum

Auch die allerersten Galaxien sind mit den empfindlichsten uns derzeit zur Verfügung stehenden Teleskopen nur mit viel Glück direkt nachzuweisen. Die frühesten für uns sichtbaren Galaxien sind ungefähr 13 Milliarden Jahre alt. Das von ihnen ausgesandte Licht wurde auf seinem langen Weg zur Erde durch das sich ausdehnende Universum gleichsam gestreckt, das heißt: Es wurde immer langwelliger. Was als extrem kurzwelliges und damit energiereiches UV-Licht von einer frühen Galaxie ausgesandt wurde, erreicht uns als schwaches rotes oder infrarotes, also langwelliges Licht. Dieses kann nur noch mit hochempfindlichen Instrumenten nachgewiesen werden. An der Stärke dieser sogenannten Rotverschiebung können die Astronomen feststellen, in welcher Entfernung sich eine ferne Galaxie befindet, also wie alt sie ist. Dabei gibt es allerdings noch große Unsicherheiten.

Ende 2006 konnte ein Team aus zehn japanischen Astronomen die bislang älteste sicher nachgewiesene Galaxie (IOK-1) melden; ihr Licht wurde nur 750 Millionen Jahre nach dem Urknall ausgesandt. Die Beobachtung gelang mit Hilfe einer Infrarot-Kamera am 8,2-Meter-Subaru-Teleskop auf dem Gipfel des Mauna Kea auf Hawaii. Davor hatte auch schon »Hubble« sehr frühe Galaxien fotografiert.

Nun sind die Astronomen natürlich nicht nur daran interessiert, immer noch ältere Galaxien zu entdecken, sondern sie möchten auch herausfinden, wie sich die frühen Galaxien voneinander unterscheiden, wie sich ihre Eigenschaften im Verhältnis zum Alter qualitativ ändern. Interessant sind dabei Informationen darüber, wie sich die Häufigkeit von Galaxien mit ihrem Alter ändert. Denn daraus lassen sich Rückschlüsse auf die Entstehungsgeschichte von Galaxien ziehen. Hierzu gibt es auch schon erste Erkenntnisse: In der relativ kurzen Zeitspanne zwischen 12,95 und 12,7 Milliarden Jahren vor unserer Zeit hat die Häufigkeit von Galaxien auf das

Drei- bis Sechsfache zugenommen. Dieser plötzliche Anstieg bei der Galaxienentstehung weist darauf hin, dass das Universum zu Beginn dieses Zeitraums – also 750 Millionen Jahre nach dem Urknall – noch zu jung war, um eine größere Anzahl von stark leuchtenden Galaxien hervorzubringen. Im Augenblick lassen die gewonnenen Daten den Schluss zu, dass es nach der Entstehung der ersten Sterne (ca. 300 Millionen Jahre nach dem Urknall) mindestens noch 400 Millionen Jahre gedauert hat, ehe sich die ersten hell leuchtenden Galaxien gebildet hatten. Solche mit den derzeit vorhandenen Teleskopen aufzuspüren, gestaltet sich äußerst schwierig. Doch mit der nächsten (im ersten Kapitel vorgestellten) Teleskop-Generation, vor allem dem James Webb-Weltraumteleskop, wird sich das gewiss ändern. Dann wird man auch kleinere, lichtschwächere Galaxien der kosmischen Frühzeit aufspüren können.

## Das Rätsel der Galaxieentstehung

Um auch ohne direkte Beobachtung eine Vorstellung von der Galaxienentwicklung im frühen Universum zu gewinnen, arbeiten die Astronomen verstärkt mit Computersimulationen. Diese zeigen, dass erste Urformen von Galaxien bereits 100 Millionen Jahre nach dem Urknall aus dem kosmischen Gas – zusammengesetzt aus Wasserstoff, Helium und einer Spur Lithium – hervorgegangen sind, also aus jenen drei leichtesten chemischen Elementen, die der Urknall hinterlassen hat. Alle übrigen chemischen Elemente sind erst im Laufe der Zeit durch Kernverschmelzungsprozesse im Innern von Sternen, beziehungsweise bei deren Explosion, entstanden. Diese ersten kleinen Ur-Galaxien verschmolzen nach und nach zu größeren Galaxien. Unsere heutige Milchstraße könnte sich aus rund einer Million solcher Ur-Galaxien entwickelt haben. Als sich das Gas dieser jungen Mini-Galaxien abkühlte, bildeten sich darin bereits die ersten Sterne, die allerdings viel mehr Masse aufwiesen als unsere Sonne und auch energiereichere Strahlung aussandten. Entsprechend kurzlebig waren sie aber auch. Als diese Megasterne nach nur zwei bis drei Millionen Jahren ihren Brennstoff (= Wasserstoff) aufgebraucht hatten – zum Vergleich: Unsere Sonne wird zehn Milliarden Jahre scheinen –, vergingen sie als sogenannte Hypernovae in den wohl gewaltigsten Explosionen seit dem Urknall. Mit dem James Webb-Weltraumteleskop, das 2013 seine Arbeit aufnehmen soll, hofft man solche Hypernovae aufzuspüren; vorerst sind sie nur eine Hypothese.

Das energiereiche Licht der ersten Sterne ionisierte das elektrisch neutrale Wasserstoff- und Heliumgas, von dem das ganze damalige Universum erfüllt war, freilich nur in deren unmittelbarer Umgebung. Ionisation bedeutet, dass die Gasatome durch starke äußere Energieeinwirkung in ihre Kerne und Elektronen aufgespaltet werden und ein sogenanntes Plasma bilden. Um die einzelnen sehr heißen Sterne bildeten sich Blasen aus solchem Plasma. Diese wurden immer größer und wuchsen schließlich zu gigantischen Einheiten zusammen. Weniger als eine Million Jahre nach dem Urknall war fast das gesamte kosmische Gas in solchen Blasen vollständig ionisiert. Aus diesen Riesenblasen dürften die ersten kleinen, noch weitgehend unstrukturierten Sternsysteme (Galaxien) hervorgegangen sein. Freilich ist das nur eine auf Computersimulation gestützte Hypothese, die viele Fragen offen lässt.

So stellt sich den Astronomen zum Beispiel die Frage, wie es dazu kam, dass sich alle Sterne irgendwann in großräumigen Gebilden wie den Galaxien gesammelt haben, während zwischen diesen Welteninseln riesige Zonen der Leere entstanden sind. Und wie kommen die Galaxien zu dieser verwirrenden Vielfalt an Formen und Größen? Um das wenigstens ansatzweise zu verstehen, müssen wir nochmals zum Zeitpunkt »380 000 Jahre nach dem Urknall« zurückkehren. Da hatte sich, wie wir bereits wissen, das Universum so weit abgekühlt, dass sich die herumschwirrenden Atomkerne von Wasserstoff und Helium mit den ebenso herumschwirrenden Elektronen zu Atomen verbinden konnten. Fortan bestand der Kosmos aus Materie und Strahlung, die sich getrennt voneinander im sonst leeren Raum verteilten. Messungen zeigen, dass Materie und Strahlung zu diesem frühen Zeitpunkt der kosmischen Entwicklung sehr gleichmäßig im Weltraum verteilt waren. Die Dichte variierte von Ort zu Ort um nicht mehr als ein Tausendstel Prozent. Die Frage, die sich dabei stellt: Wie konnte aus dieser großen Einheitlichkeit die erstaunliche Vielfalt der Galaxien hervorgehen? Die Ursache kann nur in den winzigen Dichteschwankungen liegen. Diese erzeugten eine so genannte Gravitationsinstabilität. Damit ist gemeint, dass ein Ort mit einer geringfügig größeren Dichte als der Durchschnitt auch eine leicht überdurchschnittliche Schwerkraft auf die Umgebung ausübt und so weitere Materie zu sich heranziehen kann. So wird mit der Zeit das Schwerkraftfeld dieser Region immer stärker, wodurch immer noch mehr Materie angezogen wird. Wir haben es hier mit einem sich selbst verstärkenden Prozess zu tun, bei dem sich die ursprünglich winzigen Dichteunterschiede zu immer größeren Werten aufsummieren. Nach und nach – und trotz der unablässigen Ausdehnung des Universums, welche die Materie großräumig auseinanderzieht – bilden sich galaktische Materieinseln. In diesen gewinnt die Schwerkraft die Oberhand gegenüber der allgemeinen kosmischen Ausdehnung; sie lässt die Materie schließlich kollabieren, das heißt: Das Innere solcher Materieinseln – sie sind letztlich mit den oben genannten »Blasen« identisch – zieht sich zusammen und wird dabei notgedrungen immer dichter. Es bildet sich eine Art Keim für eine zukünftige Galaxie. Diese frühesten Materieansammlungen waren allerdings noch keine eigenständigen Gebilde, sondern lediglich Bereiche zufällig entstandener Materieverdichtung. Jede dieser kollabierenden Regionen, dieser »Galaxienkeime«, erreichte irgendwann einen Gleichgewichtszustand. Die Wissenschaftler sprechen von Relaxation (Entspannung). Die kollabierende Gasmaterie heizt sich in dieser Phase bis auf einige Millionen Kelvin auf und gibt die Energie als Strahlung nach außen ab. Dieser nach außen gerichtete Strahlungsdruck wirkt der nach innen gerichteten Gravitationskraft entgegen, bis sich beide Kräfte die Waage halten. Das so entstehende Gasgebilde wird als Protogalaxie (von griechisch »proto« = erster), also Urgalaxie bezeichnet. Diese aufgeheizte Materiensammlung wird von ihrem Zentrum aus in Drehung versetzt und bildet mit der Zeit eine rotierende Scheibe, in der ab einer bestimmten Gasdichte die ersten Sterne »auskondensieren« können.

## Wenn Galaxien zusammenstoßen

Benachbarte Protogalaxien üben nun ihrerseits wieder eine Anziehungskraft aufeinander aus. Sie nähern sich einander an und verschmelzen irgendwann. So bilden sich nach und nach immer größere Protogalaxien. Die Verschmelzung löst immer neue und auch immer mehr Sternbildungen aus, bis schließlich Objekte entstehen, die man als »ausgereifte« Galaxien bezeichnen könnte. Sie sind von elliptischer Form. Später kann sich um diese eine spiralige Scheibe ausbilden.

Spätestens an diesem Punkt der Theorie gehen die Meinungen unter den Astronomen allerdings auseinander. Es gibt unterschiedliche Hypothesen über die Bildung der verschiedenen uns bekannten Galaxietypen, was nichts anderes bedeutet, als dass die Prozesse der Galaxieentstehung noch weitgehend rätselhaft sind. Fraglich ist zum Beispiel, ob die elliptischen Galaxien tatsächlich vor den Spiralgalaxien entstanden sind, wie wir soeben behauptet haben. Nach anderer Auffassung sind die elliptischen Galaxien »Spätgeborene«, die durch Zusammenstoß und Verschmelzung von Spiralgalaxien entstanden sind. Die Theorie selbst zeigt in dieser Frage noch ein wahrhaft spiraliges Durcheinander.

In der Tat zeigen Computersimulationen, dass bei der Verschmelzung zweier Spiralgalaxien die beiden Scheiben zerstört werden; beide Sternsysteme durchdringen einander – freilich ohne dass dabei einzelne Sterne zusammenstoßen – und bilden ein formloses

Sterngemisch, das stark einer elliptischen Galaxie ähnelt. Die zwischen den Sternen befindlichen Gasmassen werden beim Zusammenstoß abgebremst und strudeln ins Zentrum. Dort erreicht das Gas eine hohe Dichte und bringt eine entsprechend hohe Rate neuer Sterne hervor. Später kann es sein, dass das elliptische Sternsystem weiteres Gas aus der Umgebung anzieht und sich so eine neue spiralige Scheibe um die elliptische Galaxie bildet: eine Spiralgalaxie mit einer gewaltigen kugeligen Sternansammlung im Zentrum, die die Astronomen »Bulge« nennen, was im Englischen »Ausbuchtung, Beule, Wulst« bedeutet.

Gerade im frühen Universum – bis einige Milliarden Jahre nach dem Urknall – dürften Zusammenstöße von Galaxien relativ häufig vorgekommen sein. Diese Vermutung wurde durch Beobachtungen des Hubble-Weltraumteleskops bestätigt: Die Formen vieler sehr ferner Galaxien sind gestört, was als eine Folge von Zusammenstößen und anschließenden Verschmelzungsprozessen gedeutet werden kann.

## Kugelsternhaufen sind »Stern-Altenheime«

Beim Zusammenstoßen und Verschmelzen zweier Spiralgalaxien in der Frühzeit des Universums ist aber nicht nur eine neue elliptische Galaxie entstanden, sondern es bildeten sich, gewissermaßen als Nebenprodukte, auch noch viele kleine Kugelsternhaufen. Verantwortlich dafür ist das Gas, das in jungen Spiralgalaxien reichlich zwischen den Sternen vorhanden ist. Bei der Kollision zweier früher Spiralgalaxien kommt es in diesen Gasmassen zu einem sogenannten »Starburst«, einem explosionsartigen Anstieg der Sternentstehungsrate. Das führt zu regelrechten Sternballungszentren im Außenbereich der neu sich bildenden elliptischen Galaxie. In einem Kugelsternhaufen sind Millionen mehr Sterne zusammengedrängt als im Durchschnitt der Galaxie. Wo immer man sie im

Außenbereich einer Galaxie vorfindet – unsere Milchstraße besitzt etwa 200 von ihnen –, zeugen sie von der Frühzeit derselben. Ein Kugelsternhaufen ist gewissermaßen ein »Stern-Altenheim«.

Allerdings gibt es auch hierbei Ausnahmen: Mit dem Hubble-Weltraumteleskop hat man inzwischen auch schon junge Kugelsternhaufen entdeckt, die »gerade eben«, das heißt einige Millionen Lichtjahre entfernt, bei Galaxiekollisionen entstanden sind. Die alten Kugelsternhaufen sind gleichsam Fossilien aus der frühen Epoche der Stern- und Galaxieentwicklung, während die jüngsten derartigen Sternhaufen das kosmische »Heute« widerspiegeln.

Nun gibt es aber noch sogenannte Zwerggalaxien, wie wir sie auch als nahe Begleiter der Milchstraße in Gestalt der Kleinen und Großen Magellanschen Wolke kennen. Unklar ist, ob die beiden Zwerggalaxien nur an der Milchstraße vorbeiziehen oder mit ihr verschmelzen werden. Die erst im Jahre 1996 entdeckte Sagittarius-Zwerggalaxie pendelt offensichtlich schon seit Jahrmilliarden immer wieder durch die Ebene unserer Milchstraße hindurch und verliert dabei jedes Mal einen Teil ihrer Gas- und Sternmasse; sie wird sich vermutlich in ferner Zukunft vollständig in der Milchstraße aufgelöst haben.

Neueste Beobachtungen haben gezeigt, dass die Sternentstehung in Zwerggalaxien besonders unregelmäßig geschieht: schubweise mit langen Pausen dazwischen. Dagegen verläuft die Sternentstehung in großen Systemen wie der Milchstraße sehr gleichmäßig. Dass in Zwerggalaxien die Sternentstehung unregelmäßig verläuft, hat wahrscheinlich damit zu tun, dass explodierende Sterne (Supernovae) die zwischen den Sternen vorhandenen Gasmassen durcheinanderwirbeln oder sogar aus der kleinen Galaxie hinausblasen können, was die Bildung neuer Sterne stört. Sterne entstehen ja nur im Innern dichter Gaswolken. Deshalb zeigen von allen Galaxiearten die Zwerggalaxien die größten Formunterschiede – weil in ihnen schon kleinste Störungen (durch eine einzige Sternexplosion) größte Wirkungen zeigen.

Aber wie schon gesagt: Das sind alles nur Hypothesen. Ein in sich stimmiges Modell der Galaxieentstehung und der Ausbildung ihrer verschiedenen Formen besitzen wir zurzeit nicht. Dafür sind einfach noch zu viele Fragen offen, vor allem auch hinsichtlich des Prozesses der Sternentstehung. Dieser ist jedoch von entscheidender Bedeutung für die Herausbildung und Formung einer Galaxie. Gerade auf diesem Gebiet der astronomischen Forschung erhofft man sich für die nächsten Jahrzehnte durchschlagende neue Erkenntnisse – wenn die neuen Großteleskope ihre Arbeit aufnehmen werden.

Drittes Kapitel

# DAS NEUESTE
# ÜBER DEN PROZESS DER
# STERNENTSTEHUNG

Dass Sterne aus dichten Zusammenballungen kosmischer Gaswolken hervorgehen, weiß man schon lange. Sterne sind riesige Gasbälle, die hauptsächlich aus Wasserstoff bestehen. Im Innern eines Sterns verschmilzt Wasserstoff über komplizierte Atomkern-Reaktionen zum nächst schwereren Element Helium. In heutigen, das heißt alten Sternen wirken dabei Kohlenstoff, Stickstoff und Sauerstoff als eine Art von Katalysatoren mit; sie steuern gewissermaßen die Kernverschmelzung, ohne selbst dabei verbraucht zu werden. Die bei der Kernverschmelzung frei werdende Energie wird vom Stern als Strahlung abgegeben. Aber darum geht es hier nicht. Vielmehr wüssten wir gerne, wie es überhaupt zur Bildung von Sternen kommt. Denkbar wäre ja auch ein Universum, das nur aus diffusen Gasmassen besteht. Freilich gäbe es dann niemanden, der sich über die Sternentstehung Gedanken machte. Denn ohne Sterne kein Leben. Leben bedarf der Wärme. Und auch die chemischen Elemente, aus denen Leben besteht, sind in Sternen entstanden.

Tatsächlich, und das wissen wir schon, gab es in einer sehr frühen Phase des Universums nichts anderes als diffuse Nebelschwaden aus sehr viel Wasserstoff und ein bisschen Helium. Dieses Gasgemisch war gleichmäßig im Weltall verteilt. Damals war das Universum noch finster, denn es gab ja noch keine Sterne. Im vorigen Kapitel haben wir schon erfahren, dass das kosmische Gas zwar gleichmäßig, aber eben nicht absolut gleichmäßig im expandierenden Raum verteilt war. Es gab winzig kleine Dichteunterschiede in der Größenordnung von einem Hunderttausendstel. Diese haben sich im Lauf der Zeit vergrößert. Das kosmische Gas strukturierte sich mittels der Schwerkraft zu einer Art knotigem Geflecht. Irgendwann begann der sich verdichtende atomare Was-

serstoff mit der Bildung von Wasserstoffmolekülen: Je zwei Wasser-
stoffatome schließen sich zu einem Wasserstoffmolekül zusammen.
Dabei wird Energie in Form von Wärmestrahlung abgegeben, was
wiederum zur Folge hat, dass die Gesamttemperatur der Gaswolke
sinkt. Die Abkühlung führt zu einer weiteren Verdichtung der Gaswolke. So ist die Bildung von Wasserstoffmolekülen aus einzelnen
Wasserstoffatomen eine unabdingbare Voraussetzung für die Sternentstehung. Immer mehr Wasserstoff ballt sich auf diese Weise
zusammen, um schließlich zu kollabieren, also auf ein Zentrum
hin zusammenzustürzen. Dabei wird im Innern der Gaswolke der
Wasserstoff extrem zusammengepresst. Dort steigt die Gasdichte
sprunghaft an – und damit auch die Temperatur. In der Hitze lösen
sich die Wasserstoff-Moleküle wieder in einzelne Wasserstoff-
Atome auf, ja diese verlieren bei weiter steigender Temperatur sogar ihre Elektronen. Es entsteht ein Plasma (frei herumschwirrende
Atomkerne und freie Elektronen), von dem bereits die Rede war.
Am Ende wird dieses Wasserstoff-Plasma so dicht und so heiß, dass
die Wasserstoffkerne (= Protonen) zu Heliumkernen verschmelzen
unter Abgabe großer Mengen von Energie. Ein Stern leuchtet auf.

Die Masse, die eine kosmische Gaswolke mindestens haben
muss, um unter ihrer eigenen Schwerkraft zu kollabieren, nennt
man Jeans-Masse. Diese hat nichts mit der beliebten Hosenart zu
tun, sondern mit dem englischen Astronomen James Jeans (1877–
1946), der hierzu wichtige Berechnungen anstellte. Aus ihnen geht
hervor, dass die ersten Sterne bildenden Gaswolken etwa 500 bis
1000 Sonnenmassen gehabt haben müssen. In ihnen herrschten
30-mal höhere Temperaturen als in heutigen Gaswolken, wie man
sie in bestimmten Gebieten unserer Milchstraße findet. Je höher
die Temperatur, umso mehr Masse ist nötig, um eine Gaswolke
kollabieren zu lassen; denn steigende Temperaturen wirken der
Verdichtung entgegen. Diese größere Masse führte notgedrungen
auch zu größeren Sternen. Deren Leuchtkraft war um ein Millio-
nenfaches stärker als die der Sonne bei Oberflächentemperaturen
von ca. 100 000 Kelvin (Sonne: 5780 Kelvin). Ihre Strahlung haben

diese Riesensterne überwiegend im Bereich des energiereichen UV-Lichts abgegeben.

Während sich der Verdichtungsprozess in einer kosmischen Gaswolke über Hunderte von Jahrmillionen hinzieht, geschieht die Zündung eines Sterns innerhalb weniger Tage. Einmal gezündet, geht das Licht eines Sterns nicht mehr aus – bis sein Brennstoffvorrat verbraucht ist.

## Die Planetenbildung ist Teil der Sternentstehung

Nicht immer entsteht ein Stern für sich allein. Meistens ist es sogar so, dass aus einer kollabierenden Gaswolke gleich zwei Sterne hervorgehen, die einander relativ eng umrunden – ein sogenanntes Doppelstern-System. Auch »Dreiersysteme« sind bekannt. In solchen Mehrfachsystemen wird man jedoch vergeblich nach Planeten suchen. Diese sind typisch für Einzelsysteme wie unsere Sonne. Wie ein Stern zu seinen Planeten kommt, ist auch noch längst nicht bis ins Letzte verstanden. Es muss wohl so sein, dass beim Zusammensturz der Gasmassen neben der Sternentstehung noch ein zweiter Prozess parallel dazu ablaufen kann, der zur Bildung von Planeten führt. Die von weiter draußen einfallende Materie stürzt nicht direkt auf den zentralen, gerade im Entstehen begriffenen Stern, sondern verfehlt diesen knapp, ohne jedoch seiner Anziehungskraft zu entkommen. Vielmehr wirbelt dieses Gas- und Staubmaterial um den jungen Stern herum und bildet eine Materialscheibe, die von den Astronomen als »protostellare Scheibe« bezeichnet wird. Diese Vorstellung ist freilich schon alt; sie wurde bereits im 18. Jahrhundert von dem deutschen Philosophen Immanuel Kant (1724–1804) und dem französischen Mathematiker Pierre Simon Laplace (1749–1827) vertreten. Moderne Computersimulationen bestätigten die Theorie von Kant und Laplace auf eindrucksvolle Weise.

Die in der rotierenden Gasscheibe entstehenden Materieballungen müssen sich gegenüber den Fliehkräften der Rotation behaupten. Das wird in den Außenbereichen der Gasscheibe eher gelingen als nahe am Stern. Haben sich erst einmal kleinere Planetenkerne gebildet, können diese weiter Gas und Staub an sich binden und so erst langsam und dann immer schneller anwachsen. Allerdings gibt es dabei ein Problem: Den gerade entstehenden Planeten bläst vom Gas der Scheibe eine Art Wind entgegen, der sie auf ihrer Bahn um den jungen Stern abbremst. Das müsste eigentlich dazu führen, dass sie spiralig immer näher auf den Stern zutreiben, um schließlich zu verdampfen. Irgendein noch unbekannter Mechanismus lässt die Planeten so schnell wachsen, dass dieser Sturz ins Zentrum verhindert wird. Sind die entstehenden Planeten erst einmal einige Kilometer groß, kann sie der Gegenwind aus der Gasscheibe nicht mehr genügend abbremsen und aus ihrer Bahn nach innen zwingen. Auf diese Weise können innerhalb von nur 100 000 Jahren Billionen von kilometergroßen Brocken entstehen, die den jungen Stern umkreisen. Von den Astronomen werden diese als »Planetesimale« bezeichnet. Obwohl ihre Zahl in einer einzigen Gasscheibe unvorstellbar groß ist, sind diese einzelnen Ur-Planeten noch immer Tausende von Kilometern voneinander entfernt. Dennoch geraten immer wieder einige dieser Brocken aneinander und verbinden sich zu immer größeren Kugeln. Im Lauf von Jahrtausenden nehmen so die Planetesimale an Größe zu, während ihre Zahl abnimmt. Die größten Brocken profitieren immer stärker von ihrer zunehmenden Schwerkraftwirkung auf die Umgebung; sie ziehen immer mehr Materie an sich. Am Ende beherrschen nur noch wenige große Körper die Scheibensphäre um den Stern. Sie sind zu richtigen, das heißt kugelförmigen Planeten angewachsen. Wie Staubsauger ziehen sie die noch verbliebene Materie in der Scheibe zu sich hin. Um den Stern hat sich auf diese Weise ein weitgehend stabiles Planetensystem herausgebildet. Davon muss es unvorstellbar viele im Universum geben. Entsprechend hoch ist auch die Wahrscheinlichkeit, dass auf einigen von ihnen erdähnliche Verhältnisse herrschen, also Leben möglich ist.

# Viertes Kapitel

# DAS NEUESTE VON STERBENDEN STERNEN UND IHREN ÜBERRESTEN

Sterne werden geboren, und Sterne müssen sterben. Denn alles im Universum unterliegt dem Gesetz von Werden und Vergehen. In einer unvorstellbar fernen Zukunft wird das Universum selbst vergangen sein; es wird sich in Ereignislosigkeit aufgelöst haben. Unsere Sonne ist ca. 5 Milliarden Jahre alt. Ihre »Lebenserwartung« liegt bei etwa 10 Milliarden Jahren. Sie hat also die Hälfte ihres Daseins bereits hinter sich. Wenn ihr Brennstoff in Form von Wasserstoffkernen (= Protonen) verbraucht sein wird, wird sie sich zu einem sogenannten Roten Riesen bis über die Umlaufbahn der Venus hinaus aufblähen, um dann in sich zusammenzustürzen. Dabei wird sich der Großteil ihrer Masse zu einem sogenannten Weißen Zwerg verdichten, während die äußeren Gasschichten des Roten Riesen explosionsartig in den Weltraum geschleudert werden. Die Energie, mit der die äußere Sternmaterie auseinandergesprengt wird, ist bei einem durchschnittlichen Stern etwa so groß wie die gesamte Strahlungsenergie der Sonne während 5 Milliarden Jahren. Was von einer solchen Sternexplosion übrig bleibt, wird als Planetarischer Nebel bezeichnet. In seinem Zentrum sitzt der Sternrest, etwa in Form eines Weißen Zwergs. Den Begriff »Planetarischer Nebel« verdanken wir einem Missverständnis; mit Planeten hat er nichts zu tun. Als der deutsch-englische Astronom William Herschel (1738–1822) vor gut zwei Jahrhunderten mit seinem Teleskop ausgefranste, wolkige Objekte am Himmel entdeckte, hielt er sie für Gasnebel um junge Sterne, in denen sich gerade Planetensysteme bilden. Deshalb nannte er sie Planetarische Nebel.

Wie es einem kollabierenden Stern gelingt, seine äußeren Schichten explosionsartig abzusprengen, während sein Inneres zu einem Objekt extrem dichter Masse zusammenstürzt, ist noch immer ein

Rätsel der Forschung. Wie gehen Implosion und Explosion zusammen?, so fragt man sich.

Die vorerst letzte und bislang gewaltigste Supernova wurde Ende 2006 registriert: das Verlöschen des Sterns SN2006gy. Dieses geschah freilich schon vor 240 Millionen Jahren. Aber erst jetzt hat das Licht dieses kosmischen Feuerwerks die Erde erreicht. Mit SN2006gy explodierte ein Stern, der rund 150 Sonnenmassen in sich vereinte. Die Beobachtung gelang mit einem kleinen Teleskop – es hat nur einen Spiegeldurchmesser von 45 Zentimeter – auf dem Mount Fowlkes in Texas. Während die meisten Supernovae etwa drei Wochen lang stetig heller werden und dann allmählich verblassen, stieg die Leuchtkraft von SN2006gy während 70 Tagen immer weiter an. Mehr als 100 Tage lang leuchtete das plötzlich aufflammende Objekt heller als jede frühere Supernova. Auf ihrem Höhepunkt war sie am Ort des Geschehens 50 Milliarden Mal so hell wie die Sonne und immerhin noch zehnmal so hell wie die Galaxie, zu der sie gehörte.

In »unmittelbarer« Nähe zur Erde, nämlich »nur« 7500 Lichtjahre entfernt, könnte »demnächst« eine ebenso heftige Sternexplosion stattfinden. Seit 330 Jahren werfen Astronomen in aller Welt ein besonders waches Auge auf den Stern Eta Carinae im südlichen Sternbild Schiffskiel: ein Riesenstern von 100 bis 120 Sonnenmassen, der durch große Strahlungsunruhe auffällt. Es könnte durchaus sein, dass der Menschheit irgendwann ein beeindruckendes Schauspiel geboten wird. Sollte Eta Carinae explodieren, könnten die Menschen das Ereignis 100 Tage lang als hellen Lichtfleck am Südhimmel beobachten. Nachts wäre die Supernova so hell, dass man ohne Lampe lesen könnte. Schon im Jahre 1840 war es auf dem Riesenstern zu »kleineren« Explosionen gekommen, bei denen Materie von mehreren Sonnenmassen ausgestoßen wurde. Diese rotiert heute als Staub- und Gaswolke um den Stern, wodurch sich seine Helligkeit ständig verändert. Offensichtlich befindet sich dieser riesige, aber dafür relativ kurzlebige Stern in einer Art Todeskampf. Täglich verliert er durch Eruptionen an der

Oberfläche so viel Materie wie die Erde Masse hat. Es könnte sogar sein, dass sich in der Wolke gleich zwei große Sterne verbergen, die einander umkreisen. Damit ließe sich erklären, warum Eta Carinae exakt alle fünfeinhalb Jahre harte Röntgenstrahlung aussendet: weil sich in diesem Zeitintervall beide Sterne sehr nahe kommen und sich gegenseitig besonders viel Masse entreißen, was mit einem Ausstoß von Röntgenstrahlung einhergeht. Bei einer Explosion von Eta Carinae drohte der Erde keine Gefahr; die energiereiche Röntgen- und Gammastrahlung, die dabei freigesetzt würde, könnte die schützende Erdatmosphäre nicht durchdringen.

## Was von einem explodierten Stern übrig bleibt: ein Weißer Zwerg

Ein Weißer Zwerg, der von einer Sternexplosion übrig bleibt und im Zentrum eines Planetarischen Nebels sitzt, hat etwa die Größe der Erde, allerdings bei einer Oberflächentemperatur von 10 000 bis 30 000 Kelvin. Seine Dichte beträgt etwa 2 Tonnen pro Kubikzentimeter. Der erste Weiße Zwerg wurde bereits im Jahre 1862 entdeckt; es handelt sich um den Begleiter des Sirius, des hellsten Sterns am Nachthimmel. Sirius ist also ein Doppelstern-System, in welchem einer der beiden sich umrundenden Sterne bereits zu einem Weißen Zwerg kollabiert ist.

Im Jahre 2002 entdeckten Astronomen zwei ungewöhnliche Weiße Zwerge im Sternbild des Krebses: Im Zeitraum von nur 5 Minuten wirbeln die beiden einmal umeinander, schneller als jeder bis dahin beobachtete Doppelstern. Während die beiden Weißen Zwerge einander im Abstand von nur 80 000 Kilometern umkreisen, entreißt der größere dem kleineren Materie, die dabei Röntgenstrahlung aussendet. Dadurch war schon 1994 der deutsche Röntgensatellit Rosat auf das Objekt aufmerksam geworden.

Aber erst mit Hilfe des VLT der Europäischen Südsternwarte konnte die Röntgenquelle als »tanzendes« Weißes Zwerg-Paar identifiziert werden.

Im Innern von Weißen Zwergen wird, anders als in einem Stern, keine Kernenergie mehr erzeugt. Die Wärme, die ein Weißer Zwerg abstrahlt, ist isotherm, wie die Wissenschaftler sagen: Sie entsteht aufgrund des extrem hohen Drucks, dem die kollabierte Materie ausgesetzt ist. Die Bewegungsenergie der zusammengestürzten und verdichteten Materie wird in Wärme umgewandelt. Weiße Zwerge kühlen langsam aus und verfärben sich dabei von weiß über gelb, orange und rot, bis sie schließlich – bei einer Oberflächentemperatur von ca. 2000 Kelvin – unsichtbar werden; sie strahlen dann nur noch im infraroten Bereich des Lichtspektrums, den unsere Augen nicht wahrnehmen können. Der Abkühlungsprozess eines Weißen Zwergs geht extrem langsam vor sich. Es dauert ungefähr 10 Millionen Jahre, bis ein 10 000 Kelvin heißer Weißer Zwerg unter 2000 Kelvin abgekühlt ist.

Weiße Zwerge können neben ihrem konstanten Leuchten noch besondere Lichtimpulse aussenden, und zwar in einem extrem regelmäßigen Rhythmus. So beobachteten Astronomen am texanischen McDonald-Observatorium über 31 Jahre lang einen Weißen Zwerg im Sternbild des Kleinen Löwen. Die lange Messzeit war nötig, um überhaupt eine minimale Abweichung in der Frequenz des Lichtimpulses feststellen zu können. Alle 215 Sekunden wird der Weiße Zwerg kurzzeitig heller. Erst in 8,9 Millionen Jahren, so die Berechnung der Astronomen, werden es 216 Sekunden sein. Bei den genauesten Uhren, die wir derzeit zur Verfügung haben (sogenannte Atomuhren, die die Eigenschwingung eines Atoms zur Zeitmessung nutzen), tritt eine Ungenauigkeit von einer Sekunde bereits nach einer Million Jahren ein. Der Weiße Zwerg sendet also seine Lichtimpulse mit größerer Exaktheit als eine Atomuhr. Sein supergenaues Pulsieren entsteht, indem sich hinter einer undurchsichtigen Schale im Innern des Sternrests Strahlung aufstaut. Der Weiße Zwerg bläht sich dadurch auf, bis die Schale so dünn ist, dass sie die aufgestaute Strahlung durchlässt. Sie wird pulsartig abgegeben.

Wegen ihrer schwachen Leuchtkraft sind Weiße Zwerge schwer aufzuspüren. Dennoch kennt man inzwischen mehr als tausend von ihnen. Man vermutet, dass etwa zehn Prozent der Sterne unserer Milchstraße Weiße Zwerge sind, also »Sternleichen«, um genau zu sein.

Unter bestimmten Umständen gibt es für einen Weißen Zwerg ein spektakuläreres Ende als einfach nur langsam zu erkalten: Er explodiert seinerseits wieder in einer Supernova. Dazu muss es aber einen zweiten, sehr nahen Begleiter geben, dem er beständig Materie entreißen kann, wie oben bereits geschildert. Auf diese Weise nimmt die Masse des einen, von Anfang an größeren Weißen Zwergs immer weiter zu. Seine Masse im Innern wird dadurch immer stärker in sich zusammengepresst, bis schließlich Dichte und Temperatur so groß sind, dass im Zentrum des Weißen Zwergs erneut Kernverschmelzungsprozesse in Gang kommen. Irgendwann erreichen diese eine Intensität, die ausreicht, den Weißen Zwerg in wenigen Sekunden von innen heraus zu zerreißen und seine Materie als Staubwolke ins All zu pusten.

## Die Rätsel der Neutronensterne

Weiße Zwerge sind aber nicht die einzigen Endprodukte explodierender alter Sterne. Hat ein Stern nach dem Versiegen seines Kernbrennstoffs mehr als 1,5 Sonnenmassen, dann kollabiert er zu einem sogenannten Neutronenstern. Der Druck der zusammenstürzenden Materie ist dabei so hoch, dass die Atome ihre Elektronenhülle nicht mehr aufrechterhalten können, wie das bei den Weißen Zwergen noch der Fall ist. Diese bestehen aus ganz normalen, wenn auch extrem dicht zusammengepackten Atomen. Bei den Neutronensternen werden die Elektronen regelrecht in die Atomkerne hineingequetscht. Diese bestehen aus elektrisch positiven Protonen und ungeladenen Neutronen. Die in die Atomkerne gedrückten Elektronen, die elektrisch negativ geladen sind, verbinden sich dort mit den positiven Protonen, wodurch diese sich ebenfalls in Neutronen verwandeln. Dadurch besteht die ganze Materie eines Neutronensterns aus dicht gepackten Neutronen, aus »Neutronenbrei«, so könnte man sagen. Oder anders: Ein Neutronenstern ist ein überdimensionaler Atomkern, der sich aus dicht aneinandergepressten Neutronen zusammensetzt. Dieser hat einen Durchmesser von 10 bis 30 Kilometern – als hätte man die Sonne auf den Umfang einer Großstadt zusammengepresst. Die gleiche Materiedichte ließe sich erreichen, wenn man die Cheops-Pyramide auf die Größe eines Stecknadelkopfs verdichten würde. Ein Kubikzentimeter eines solchen »Neutronenbreis« würde auf der Erde mehrere Millionen Tonnen wiegen. Eine noch dichter gepackte Materie gibt es im Universum nicht. Unter derart extremen physikalischen Bedingungen verhält sich die Materie, als wäre sie tiefgefroren – und dabei ist dieser Sternrest mehrere hundert Millionen Kelvin heiß.

Neutronensterne sind den Astronomen in der Theorie bereits seit etwa 70 Jahren bekannt – seit der englische Physiker James Chatwick das Neutron als einen der Bausteine des Atoms entdeckte. Aber erst seit einigen Jahren sind Theorie und Beobachtungstechnik fortgeschritten genug, um den Aufbau eines Neutronensterns befriedigend darstellen zu können. 1967 war ein entscheidendes Jahr für die Erforschung dieses Endprodukts eines explodierten Sterns. Mit einem speziellen Radioteleskop entdeckten zwei englische Astronomen einen neuartigen Himmelskörper, der äußerst regelmäßige Radiopulse aussandte. Man nannte das Objekt aus diesem Grund Pulsar. Sehr bald stellte sich heraus, dass es sich dabei um nichts anderes als einen schnell rotierenden Neutronenstern handelte. Sein starkes Strahlungsfeld durchstreift den Kosmos wie der Scheinwerfer eines Leuchtturms – und überstreicht in diesem Fall rein zufällig auch die winzige, weit von ihm entfernte Erde.

Bis heute kennen wir ca. 1300 Pulsare. Im Jahre 1987 hatten die Astronomen das große Glück, eine Supernova, also die Entstehung eines Neutronensterns (Pulsars) direkt beobachten zu können, und zwar in der Magellanschen Wolke, einem galaktischen Begleiter der Milchstraße, der etwa 150 000 Lichtjahre von uns entfernt ist. Von dort erreichte uns ein starker Lichtblitz, der von der Explosion kündete. Pulsierende Radiostrahlung wurde aber bis heute nicht gemessen; die Erde liegt somit nicht in seinem Strahlungskegel.

Mit den pulsierenden Strahlen, die ein Neutronenstern pausenlos abgibt, verliert er Energie, was dazu führt, dass er mit der Zeit immer langsamer rotiert. Der bislang schnellste bekannte Pulsar dreht sich 640-mal pro Sekunde um seine Achse. Damit er von seiner wilden Kreiselbewegung und den dadurch entstehenden Fliehkräften nicht zerrissen wird, muss seine Dichte derjenigen eines Atomkerns entsprechen. Und das ist ja auch der Fall, wie wir bereits wissen. Die Astronomen gehen davon aus, dass die ausgesandten Radiowellen von einem äußerst starken Magnetfeld erzeugt werden. Dieses beruht wiederum auf elektrischen Strömen im Innern des Neutronensterns; es rotiert mit dem Neutronenstern, wird gleichsam von der Rotation des Sternrests mitgerissen. Im Gegensatz dazu ist etwa das Magnetfeld der Erde oder der Sonne statisch.

Berechnungen ergeben für das Magnetfeld eines durchschnittlichen Neutronensterns eine Stärke von mehreren hundert Millionen Tesla (Tesla, abgekürzt: T, ist die physikalische Einheit für die magnetische Flussdichte in einem elektromagnetischen System. Eine andere Einheit ist Gauß, abgekürzt: G. 1 G entspricht 0,0001 T). Im Vergleich dazu: Das Magnetfeld der Erde beträgt etwa 0,00001 Tesla, das der Sonne auch nicht mehr als 0,0001 Tesla. In speziellen physikalischen Labors können magnetische Felder von maximal 100 Tesla erzeugt werden. Das extrem starke Magnetfeld eines Pulsars hat mit der unglaublich schnellen Rotation zu tun, die die Sternmaterie bei ihrem Kollaps erfährt. Die ursprünglich langsame Eigendrehung eines Sterns wird beim Kollabieren immer schneller, da sein anfänglicher Drehimpuls ja erhalten bleibt, nicht anders als bei einem Eiskunstläufer, der in der Pirouette seine Arme immer enger an den Körper legt, wobei seine Drehgeschwindigkeit ebenfalls zunimmt. Entsprechend zur Drehgeschwindigkeit verstärkt sich beim Kollaps der Sternmaterie auch das Magnetfeld, denn nach einem physikalischen Gesetz vervierfacht sich die Magnetfeldstärke eines rotierenden magnetischen Objekts, wenn dieses auf die Hälfte schrumpft. Wenn ein massereicher Stern auf ein Hunderttausendstel seiner ursprünglichen Größe zusammenstürzt, wird sein Magnetfeld zehn Milliarden Mal stärker.

Einige spezielle Neutronensterne – man nennt sie Magnetare – haben ein derart starkes Magnetfeld, dass ihre Oberfläche manchmal buchstäblich von ihm aufgerissen wird. Dabei werden gewaltige Energiemengen in Form eines brodelnden Plasmas in den Weltraum geschleudert. Im Bruchteil einer Sekunde wird dabei so viel Energie abgestrahlt, wie unsere Sonne in 10 000 Jahren abgibt, allerdings konzentriert als harte Gammastrahlung, der energiereichsten elektromagnetischen Strahlung, die es gibt. Der feurige Plasma-Auswurf kühlt innerhalb von Minuten ab durch Abgabe von Röntgenstrahlung. Vorerst bleibt rätselhaft, warum die Oberfläche eines Magnetars plötzlich aufreißt, einen Gammablitz abstrahlt, um dann wieder für Jahre ruhig zu bleiben. Bislang haben die Astronomen erst ein Dutzend Magnetare entdeckt, die sich ja immer nur für den Bruchteil einer Sekunde zu erkennen geben – leider ohne ihren Ausbruch anzukündigen. Möglicherweise ist jeder Neutronenstern in einer frühen Phase seiner Existenz ein Magnetar, um dann, abgekühlt, ein normaler Neutronenstern zu werden.

## Die innere Struktur eines Neutronensterns

Im vergangenen Jahrzehnt waren die Neutronenstern-Forscher bestrebt, ein schlüssiges Modell für das »Funktionieren« eines normalen Neutronensterns (Pulsars) zu erstellen, wobei ihnen superschnelle Computer zur Verfügung standen. Aus den Beobachtungsdaten – die Stärke der Radiostrahlung lässt auf die Stärke des Magnetfelds schließen, diese wiederum auf Dichte, Druck und Temperatur – lässt sich errechnen, dass die Temperatur im Innern eines gerade entstandenen Neutronensterns über 100 Milliarden Kelvin beträgt. Diese Energie wird in Form von hochenergetischer Strahlung abgegeben. Bereits nach einem Jahr ist die Innentemperatur auf eine Milliarde Kelvin gesunken, was freilich noch immer unvorstellbar heiß ist. Der extremen Dichte wegen, die im Innern eines Neutronensterns herrscht, verhält sich die Neutronenmaterie, wie schon erwähnt, wie die eines tiefgefrorenen Körpers, also vollkommen starr – eine höllisch heiße Tiefkühltruhe, wenn man so will. Da aber Druck und Dichte der Neutronenstern-Materie zum Mittelpunkt hin immer größer werden, wird sich auch der Zustand dieser Materie von außen nach innen ändern. An der Oberfläche ist der Druck logischerweise null, was dazu führt, dass sich dort nicht nur Neutronen befinden, sondern ebenso Protonen und freie Elektronen. Diese Protonen und Neutronen an der Oberfläche bilden zusammen Atomkerne von Eisen. Eisen hat von allen Elementen den stabilsten Atomkern. Es ist metallisch, das heißt, seine Atomkerne bilden ein kompaktes Kristallgitter. Zwischen diesem bewegen sich die freien Elektronen wild durcheinander. Wegen der enormen Schwerkraft, die vom Mittelpunkt des Neutronensterns nach außen wirkt, ist die Oberfläche dieser Eisenschale extrem glatt; sie hat eine Dicke von ungefähr 10 Metern. Ihre Dichte nimmt nach innen rasch zu. Mit zunehmender Dichte werden die freien Elektronen immer stärker an die Eisen-Atomkerne gepresst und schließlich – ab etwa 10 Meter unter der Oberfläche – in sie hineingequetscht. Aus den Eisen-Atomkernen, die bis dahin aus Neutronen und Protonen bestanden, werden lauter Neutronen, da die in die Atomkerne gequetschten Elektronen mit den im Kern befindlichen Protonen ebenfalls Neutronen bilden. Folglich sind die Eisen-Atomkerne umso stärker mit Neutronen angereichert, je tiefer sie sich in dieser äußeren, 10 Meter dicken Metallschale befinden. Beim Übergang zur inneren Kruste sind dann fast alle Protonen zu Neutronen geworden, aber eben nur fast. Diese innere Kruste, die ungefähr ein bis zwei Kilometer stark ist, trennt die Oberflächenschale aus Eisen vom flüssigen Innern, das praktisch nur noch aus Neutronen und wenigen freien Elektronen und Protonen besteht. Was mit der Materie nahe dem Mittelpunkt geschieht, ist den Forschern noch ein Rätsel. Jedenfalls muss dort der extremste Zustand herrschen, in den Materie überhaupt versetzt werden kann. Vermutet wird eine »Materiesuppe« aus freien Quarks, jenen Elementarteilchen, aus denen sich Neutronen und Protonen zusammensetzen.

Wir sehen also, dass Neutronensterne nicht einfach nur kompakte kugelige Haufen aus Neutronen sind – ein Riesenneutron, wie man ursprünglich dachte –, sondern eine innere Schalenstruktur aufweisen, die nach außen von einer nur etwa 10 Meter starken »Eisenhaut« abgeschlossen wird. Neutronensterne sind – nach dem neuesten Erkenntnisstand – unerwartet vielschichtige Objekte.

Manche Pulsare, so haben jüngste Messungen gezeigt, verändern die Frequenz ihrer ausgesandten Radiosignale; sie erhöht sich plötzlich, um im Laufe von Tagen auf den ursprünglichen Wert zurückzugehen. Die Ursache dafür ist noch nicht endgültig geklärt, aber die Astronomen vermuten, dass sie mit der festen Eisenhaut zu tun hat. Es könnte eine Art von Sternbeben sein, das von der Neutronenflüssigkeit im tiefen Innern hervorgerufen wird und die Eisenhaut erzittern lässt. Aber diese vermuteten Vorgänge harren noch einer genauen physikalischen Beschreibung. Dazu bedarf es weiterer Beobachtungsdaten, die sich die Forscher durch neue Beobachtungstechniken erhoffen. Vor allem möchte man wissen, ob sich im tiefen Innern eines Neutronensterns tatsächlich eine

»Suppe« aus freien Quarks befindet, eine »seltsame Quarkmaterie«, wie die Astronomen sagen.

Wie Weiße Zwerge, so treten auch Neutronensterne gelegentlich paarweise auf; man spricht dann von einem Doppel-Pulsar. Solche entstehen, wenn in einem Doppel-Sternsystem zwei massereiche Sterne ungefähr gleichzeitig in einer Supernova explodieren. Das kommt sogar relativ häufig vor, da mehr als die Hälfte aller Sterne zu Doppel- oder sogar Mehrfach-Systemen gehören. Doch wegen der gewaltigen Energien, die bei Supernova-Explosionen freigesetzt werden, werden die Sternpartner meist als Neutronensterne voneinander weggefegt. Deshalb kennt man bislang nur fünf Doppel-Pulsare, die aus unerfindlichen Gründen die Supernova als Paar überstanden haben. In einer Art kosmischen Pirouette wirbeln in solch einem Doppel-System beide Partner umeinander und kommen sich dabei während Jahrmillionen immer näher. Im Jahre 2004 entdeckten Astronomen zum ersten Mal ein solches Neutronenstern-Paar, das sich in 2,4 Stunden einmal umrundet bei einem mittleren Abstand von ungefähr der doppelten Erde-Mond-Entfernung. In etwa 85 Millionen Jahren, so die Berechnung, müssten die beiden Neutronensterne nach ihrem endlosen Tanz miteinander verschmelzen. Man geht davon aus, dass im gesamten Universum nur alle ein bis zwei Jahre eine solche Verschmelzung von Neutronensternen stattfindet.

## Schwarze Löcher – die extremsten Produkte einer Sternexplosion

Nun gibt es aber noch ein drittes Endprodukt einer Sternexplosion – eine »Sternleiche« der extremsten Art, die die Naturgesetze im Grunde gar nicht zulassen. Wenn nämlich ein altersschwacher Stern mit mehr als der dreifachen Sonnenmasse in einer Supernova explodiert, entsteht ein sogenanntes Schwarzes Loch. Der Kollaps der Materie macht in diesem Fall nicht auf der stabilen Stufe eines Neutronensterns Halt. Er geht vielmehr weiter, da selbst die zusammengepresste Neutronenmasse dem Gravitationsdruck der kollabierenden Materie nicht mehr standhalten kann. Es entsteht eine seltsame Raumregion, die es nach den vertrauten Gesetzen der Physik gar nicht geben dürfte. Der Stern stürzt zu einem »Materiepunkt« der Größe Null, aber mit unendlich hoher Dichte zusammen. Selbst die Starke Kernkraft, die im Neutronenstern dem Druck der Materie gerade noch widerstehen kann und so seine Stabilität aufrechterhält, muss jetzt unterliegen. Nichts kann der Region eines Schwarzen Lochs entkommen, weder Licht noch Materie, so stark ist die Massenanziehungskraft, die von diesem unendlich dichten Materiepunkt ausgeht. Folglich kann man ein Schwarzes Loch auch nicht direkt sehen; die Strahlung, die in seinem Innern entsteht, kann aus dem Loch nicht entweichen, denn auch die elektromagnetische Strahlung (Licht) unterliegt der Massenanziehungskraft.

Schwarze Löcher sind so ziemlich das Rätselhafteste, was das Universum zu bieten hat – und es hat unendlich viel zu bieten. Deshalb gilt ihnen das ganz besondere Interesse der Astronomen und Astrophysiker. Auch wenn man ein Schwarzes Loch nicht direkt sehen und schon gar nicht in es hineinschauen kann, verrät es sich doch durch die Materie, die es in sich hineinsaugt. Schwarze Löcher sind äußerst gefräßig. Die Materie, die in den spiralig immer enger werdenden Anziehungsstrudel eines Schwarzen Lochs gerät, sendet energiereiche Strahlung (vor allem im Röntgenbereich) aus – eine Art Todesschrei der Materie, bevor sie für immer im Schwarzen Loch verschwindet und dort in einen Zustand versetzt wird, der jenseits aller physikalischen Beschreibbarkeit liegt.

Die angesaugte Materie bildet um das Schwarze Loch eine sogenannte Akkretionsscheibe, in der sie herumwirbelt und dabei dem Schwarzen Loch entgegenstürzt. Die Reibung in diesem Strudel erhitzt die Gasmaterie auf mehrere Millionen Kelvin. So kommt die intensive Strahlung zustande, die die Existenz des sonst unsichtbaren Schwarzen Lochs verrät. Neben energiereicher Röntgen- und Gammastrahlung werden so in der Umgebung Schwarzer Löcher auch alle Formen langwelligerer Strahlung frei: UV-Licht, sichtbares Licht, Infrarot- und Radiostrahlung. Gleichzeitig wird ein Teil des angesaugten Gases senkrecht zur Akkretionsscheibe in gegenläufigen Strahlen, sogenannten Jets, in den Weltraum geschossen.

Seit das Hubble-Weltraumteleskop im Jahre 1990 seinen Beobachtungsdienst im All aufnahm, wurden nach und nach starke und dauerhafte Energiequellen in fernen Galaxien entdeckt, die nur als Schwarze Löcher zu deuten waren. So fand »Hubble« zum Beispiel im Zentrum der großen elliptischen Galaxie M87 in 50 Millionen Lichtjahren Entfernung eine Strahlungsquelle, die extrem hohe Energiemengen aussendet, wie sie von keinem noch so großen Stern erreicht werden könnte. Inzwischen kennt man zahlreiche elliptische Galaxien dieser Art; sie werden als aktive Galaxien bezeichnet. Es muss sich bei den Strahlungsquellen um riesige Schwarze Löcher handeln mit einer Masse von mehr als einer Milliarde Sonnen. In elliptischen Galaxien wie M87 müssen noch gewaltige Massen an Staub und Gas enthalten sein, die spiralförmig in das Schwarze Loch im Zentrum gerissen werden. Doch irgendwann – in ca. hundert Millionen Jahren – wird alles Gas verschluckt sein und das Schwarze Loch ohne »Nahrung« weiter existieren; es wird sich dann durch keinerlei nennenswerte Strahlung mehr bemerkbar machen. Solche »ausgehungerten« Schwarzen Löcher schlummern dann unauffällig vor sich hin. Aus einer aktiven ist eine inaktive, also normale elliptische Galaxie geworden.

Inzwischen weiß man, dass im Zentrum fast jeder großen Galaxie, also auch im Zentrum unserer Milchstraße, ein massereiches Schwarzes Loch sitzt – der Galaxiekern, wenn man so will. Solche Galaxiezentren sind wahre Schwerkraft-Monster, die gleichsam als kosmische Müllschlucker tätig sind. Freilich ist ihr zerstörerischer Einfluss nur auf die unmittelbare Umgebung – und damit ist die Größenordnung eines Sonnensystems gemeint – beschränkt. Alle übrigen Regionen der Galaxie sind vor ihrer enormen Schwerkraft sicher.

## Starbursts, die Brutstätten neuer Sterne

Neuerdings muss auch diese Erkenntnis wieder eingeschränkt werden. Die Astronomen stellten mit Erstaunen fest, dass das Schwarze Loch im Zentrum einer Galaxie oftmals mit einer stark erhöhten Bildung neuer Sterne in nahe gelegenen Gebieten einhergeht: sogenannten Starbursts, von denen weiter oben schon die Rede war. Das sind Galaxieregionen, in denen jährlich rund tausend neue Sterne entstehen. Eine normale Galaxie wie unsere Milchstraße bringt als Ganze nur etwa einen neuen Stern pro Jahr hervor. Starbursts sind meist nur auf wenige hundert Lichtjahre große Regionen in der Nähe des galaktischen Zentrums beschränkt. Sie können sich manchmal aber auch über Zehntausende von Lichtjahren erstrecken.

Das Hubble-Weltraumteleskop hat zusammen mit den Messdaten von Röntgensatelliten diese Beziehung zwischen Schwarzen Löchern und der Sternentstehung in Starbursts mit eindrucksvollen Bildern belegt. Freilich lassen sich solche Starbursts auch relativ leicht in Galaxien ausfindig machen, da sie sehr viel Strahlung auf allen Frequenzen aussenden. Denn in Starbursts entstehen nicht nur viele Sterne in relativ kurzer Zeit, sondern die massereichsten unter ihnen enden auch bald wieder in Supernovae. In Starbursts geht es also buchstäblich drunter und drüber – nicht anders als in der Frühzeit des Universums. Und so erhoffen sich die Astronomen mit der Erforschung der Starbursts – und deren Beziehung zu Schwarzen Löchern – nebenbei auch wichtige Erkenntnisse zum Geschehen im jungen Universum.

Beim augenblicklichen Stand der Forschung sieht es so aus, dass nicht die Schwarzen Löcher im Zentrum einer Galaxie die Starbursts hervorbringen, sondern umgekehrt die Regionen starker Sternbildung die Entstehung und das Wachstum extrem massereicher Schwarzer Löcher nach sich ziehen. Das lässt sich auch relativ einfach erklären: In Starbursts kommt es wegen der bedrängenden Enge der Sterne häufig zu Kollisionen zwischen ihnen. Sterne verschmelzen miteinander. Sie können durch mehrfache Kollision regelrechte Megasterne bilden mit der hundert- bis tausendfachen Masse unserer Sonne. Solche Megasterne enden sehr schnell in Schwarzen Löchern, die sich wiederum in nur wenigen Jahrmillionen zu einem einzigen Schwarzen Loch mit unvorstellbar großer Masse vereinen. Dieser Prozess kann gleichzeitig an mehreren Stellen eines Starbursts ablaufen. Die so entstandenen massereichen Schwarzen Löcher wandern allmählich ins Zentrum der Galaxie, um dort nach und nach miteinander zu verschmelzen und ein Schwarzes Superloch zu bilden. Tatsächlich hat man schon im Zentralbereich von Galaxien zwei Schwarze Löcher entdeckt, die einander sehr eng umkreisen und wohl in nicht allzu ferner Zukunft miteinander verschmelzen werden. In dem Maße wie ein Starburst an Sternen verliert, also ausdünnt, wird das Schwarze Loch im Zentrum der Galaxie immer größer. Höchstwahrscheinlich sind aber die Zusammenhänge zwischen Starbursts und Schwarzen Löchern viel komplizierter als hier geschildert. Die wirklichen Abläufe werden sich erst mit neuen Teleskopen und Forschungssatelliten klären lassen.

## Im Zentrum unserer Milchstraße sitzt ein Schwarzes Loch

Seit Jahren wird nun schon intensiv nach dem Schwarzen Loch im Zentrum unserer Milchstraße geforscht. Das ist gar nicht so einfach, denn dazu muss man erst einmal herausfinden, wo dieses Zentrum ist. Zwar wissen wir schon seit längerem, dass unser Milchstraßen-System eine typische Spiralgalaxie ist, also eine flache, in Spiralarme untergliederte Scheibe mit einer deutlichen Verdichtung der Sterne im Zentrum, einem so genannten Bulge (engl. für Ausbuchtung, Wulst) und – nach neuesten Erkenntnissen – zusätzlich einem Balken. Doch sehen können wir weder den Bulge noch den Balken, denn fast das gesamte sichtbare Licht, das von dort ausgesandt wird, wird von den Staubmassen zwischen den Sternen verschluckt. Die galaktische Scheibe hat einen Durchmesser von rund 100 000 Lichtjahren und eine Dicke von etwa 2000 Lichtjahren. Informationen aus dem Zentralbereich der Galaxis erhalten wir also, wenn überhaupt, durch jene Arten von elektromagnetischer Strahlung, die Staubmaterie zu durchdringen vermögen: Infrarot- und Radiostrahlung. Es war nur eine Frage der Zeit, bis man im vermuteten Milchstraßen-Zentrum mithilfe immer besserer Messgeräte auf eine intensive Radioquelle stieß. Ja, die Radioquelle erwies sich bei genauerer Untersuchung als ein regelrechtes »Nest« aus blasenförmigen Radioquellen. Es scheint sich hierbei um Überreste unzähliger Supernova-Explosionen zu handeln. Weitere Messungen ergaben schließlich, dass sich im Zentrum dieses Radioquellen-Gebiets eine besonders starke, punktförmige Radioquelle befindet; sie bekam die Bezeichnung Sagittarius A. Vermutlich handelt es sich dabei um das zentrale Schwarze Loch unserer Milchstraße.

Etwas anderes ist es aber, aus einer Vermutung eine Gewissheit zu machen, also die Existenz eines Schwarzen Lochs eindeutig zu beweisen. Das geht nur, indem man die Masse des im Radiobereich strahlenden Objekts bestimmt. Dazu ist die moderne Astronomie seit einiger Zeit dank neuer Beobachtungstechniken in der Lage: Man misst hierzu die Bahnbewegungen einiger weniger Sterne um das Zentrum der Milchstraße. Es zeigte sich dabei Folgendes: Je näher sich die Sterne am galaktischen Zentrum befinden, desto schneller umrunden sie es. Aus der Masse der einzelnen Sterne und ihren Umlaufgeschwindigkeiten lässt sich die Masse des Objekts bestimmen, das sie umrunden. Es muss sich um ein Objekt von etwa 2,5 Millionen Sonnenmassen handeln, das aber wesentlich kleiner ist als ein Zehntel Lichtjahr (ca. 7,5 Millionen Kilometer). Ein Objekt mit derart gigantischer Masse, das gleichzeitig so klein ist, kann nach dem Stand unseres heutigen Wissens nur ein Schwarzes Loch sein. Selbst ein kompakter Sternhaufen käme dafür nicht in Frage, von Gaswolken ganz zu schweigen. Im Mittelpunkt von Sagittarius A sitzt also mit großer Wahrscheinlichkeit ein Schwarzes Loch, das in geringer Entfernung von einem Schwarm von Sternen umrundet wird. Diese haben zusammen die zehnmillionenfache Masse der Sonne. Zwischen ihnen befinden sich Gas- und Staubwolken, die nochmals eine Masse von rund 15 Millionen Sonnen aufweisen. Diese Sterne und Gaswolken werden irgendwann vom Schwarzen Loch verschlungen werden; sie befinden sich längst in seinem Ansaugstrudel, aus dem es kein Entkommen gibt. Seine ausgestrahlte Energie verändert sich ständig, was auf Materie zurückzuführen ist, die – mal mehr, mal weniger – von ihm verschlungen wird.

# Fünftes Kapitel

# DAS NEUESTE VON BRAUNEN ZWERGEN

Braune Zwerge sind weder Fisch noch Fleisch. Sie gehören in ein Zwischenreich: jenes zwischen Planet und Stern. Lange Zeit existierten sie nur als Hypothese in den Köpfen der Astronomen. Seit etwa einem Jahrzehnt weiß man, dass es sie wirklich gibt, mehr noch: Sie sind ebenso häufig wie gewöhnliche Sterne. Sie aufzuspüren, ist allerdings wesentlich schwieriger, denn sie strahlen nur ganz schwach in rötlichem Licht.

Braune Zwerge sind so etwas wie Mini-Sterne mit Fehlzündung. Wenn sich kosmische Gas- und Staubmassen zu einem sogenannten Proto-Stern zusammenballen und dabei weniger als 7 Prozent der Sonnenmasse auf die Waage bringen, dann werden nicht genügend hohe Zentraltemperaturen erreicht, um die atomare Kernverschmelzung zu zünden, bei der, wie wir schon wissen, Wasserstoffkerne zu Heliumkernen umgewandelt werden unter Freisetzung von Strahlungsenergie. Damit dieser physikalische Prozess einsetzen kann und sich selbst am Laufen erhält, muss mindestens eine Temperatur von 3 Millionen Kelvin erreicht werden. Im Zentrum eines Sterns ist es umso heißer, je höher dort der Gravitationsdruck ist, also der Druck, den die zusammenstürzenden Gasmassen zum Mittelpunkt hin ausüben. Deshalb muss ein Stern zum Zünden des Wasserstoffbrennens eine Mindestmasse haben. Diese entspricht ungefähr der 75-fachen Masse des Planeten Jupiter (= ca. 7 Prozent der Sonnenmasse). Braune Zwerge sind also Himmelskörper, die massereicher sind als die großen Gasplaneten, deren Masse aber unter 7 Prozent der Sonnenmasse liegt.

Das diffuse rötliche Licht der Braunen Zwerge kommt nur aufgrund der Erwärmung zustande, die bei der Zusammenballung und Verdichtung der Gasmaterie entsteht. Streng genommen ist der Begriff »Brauner Zwerg« falsch, denn in Wirklichkeit leuchten diese Objekte rötlich. Doch der Begriff »Roter Zwerg« war bereits für echte, aber kleine Sterne mit weniger als einer halben Sonnenmasse vergeben.

Schon Anfang der sechziger Jahre des vorigen Jahrhunderts dachte man über die Möglichkeit von Braunen Zwergen nach. Ihre Existenz war nahe liegend. Denn wieso sollten sich nicht auch Gas- und Staubwolken mit weniger als 7 Prozent der Sonnenmasse zusammenballen? Doch es dauerte über 30 Jahre, ehe im Jahre 1995 der erste eindeutige Nachweis eines solchen schwach strahlenden Himmelskörpers gelang. Mittlerweile sind Hunderte von Braunen Zwergen zweifelsfrei identifiziert.

Da den Braunen Zwergen eine Kernenergie-Quelle fehlt, beginnen sie langsam auszukühlen. Entsprechend schwächer wird ihre Leuchtkraft. Je älter ein Brauner Zwerg ist, umso schwieriger wird es, ihn mit geeigneten Teleskopen aufzuspüren. Junge Braune Zwerge sind also am leichtesten zu finden, weil sie am stärksten leuchten. Neuerdings hat sich unter den Forschern allerdings die Ansicht durchgesetzt, dass auch in jungen Braunen Zwergen Kernfusionen stattfinden könnten, allerdings nicht von normalen Wasserstoffkernen (Protonen), sondern Kernen von Deuterium, einem weniger häufigen Isotop des Wasserstoffs. Der Kern von Deuterium besteht nicht aus einem einzelnen Proton wie beim normalen Wasserstoff, sondern aus je einem Proton und Neutron. Der Vorrat an Deuterium geht in Braunen Zwergen allerdings rasch zur Neige.

Im Frühjahr 2007 überraschte ein irisches Forscherteam mit der Mitteilung, dass man von drei Braunen Zwergen gepulste Radiostrahlung empfangen habe, was auf die Existenz eines starken Magnetfelds schließen lasse. In dieser Hinsicht würden Braune Zwerge den Neutronensternen (Pulsaren) ähnlich sein, die freilich keine Pulse schwacher Radiowellen, sondern Pulse extrem energiereicher Röntgenstrahlung aussenden. Während die Radiopulse der Braunen Zwerge mit Perioden von zwei bis drei Stunden ausgesandt werden – das entspricht der Zeit für eine Umdrehung –, können Pulsare, wie wir bereits wissen, mehrere hundert Mal pro Sekunde um ihre eigene Achse wirbeln mit entsprechend schneller Emission von Röntgenpulsen.

Nach Milliarden von Jahren sind Braune Zwerge so weit ausgekühlt, dass sie praktisch kein sichtbares Licht mehr abstrahlen. Mit der Abkühlung schrumpfen sie auch. Ein Brauner Zwerg, der ursprünglich einen Durchmesser von 600 000 Kilometern hatte, weist nach einer Milliarde Jahre nur noch etwa ein Fünftel dieses Durchmessers auf. Die Oberflächentemperatur kann anfangs bis zu 3000 Kelvin betragen, nach einer Million Jahren sind es nur noch 1200 Kelvin, und nach 10 Millionen Jahren gerade mal 550 Kelvin. (Zum Vergleich: Unsere Sonne hat eine Oberflächentemperatur von ca. 5800 Kelvin.) Alte Braune Zwerge ähneln also eher einem Gasplaneten als einem Stern; bei jungen ist es umgekehrt.

## Braune Zwerge sind schwer zu entdecken

Die Astronomen konzentrieren sich bei ihrer Suche nach jungen Braunen Zwergen auf sogenannte Sternentstehungsgebiete, also auf Sternhaufen, die sich »erst« vor einigen hundert Millionen Jahren aus kosmischen Gas- und Staubwolken gebildet haben. So fanden sie die ersten Braunen Zwerge in dem gründlich untersuchten Sternhaufen der Plejaden (Siebengestirn), der »erst« 120 Millionen Jahre alt ist. Man suchte aber auch auf gut Glück große Himmelsareale mit geeigneten Teleskopen ab, das heißt mit solchen, die auf Wärmestrahlung (Infrarot) spezialisiert sind. Auf diese Weise fand man im Jahre 1997 erstmals einen isoliert im All stehenden Braunen Zwerg, der den Namen »Kelu-1« – nach einem indianischen Wort für »Rot« – erhielt. Von da an gab es Neuentdeckungen in rascher Folge. Sehr bald waren auch erste vorsichtige Schätzungen über die Häufigkeit von Braunen Zwergen möglich, freilich noch bezogen auf den Sternhaufen der Plejaden. Die Forscher zählten in einem eng begrenzten Bereich des Sternhaufens alle infrage kommenden Objekte und schlossen daraus auf die Gesamtzahl für den ganzen Haufen. Demnach gibt es in ihm etwa so viele Braune Zwerge wie echte Sterne. Auf unser Milchstraßen-System hochgerechnet, wären das etwa 100 Milliarden Braune Zwerge – eine unvorstellbar große Zahl.

Aber wie sollte es anders sein? Es gibt nicht nur eine Art von Braunen Zwergen, sondern sie unterscheiden sich wie die Sterne in Größe und Leuchtkraft ganz erheblich. Daraus ergibt sich die Frage, ob es überhaupt eine scharfe Trennungslinie nach unten zu den großen Gasplaneten gibt. Oder ist der Übergang womöglich fließend? Zwischen Braunen Zwergen und Sternen gibt es hingegen eine solche scharfe Trennungslinie: Als Sterne gelten all jene Objekte, bei denen im Innern eine dauerhafte Verschmelzung von Wasserstoff- zu Heliumkernen stattfindet. Es könnte allerdings Braune Zwerge mit besonders großer Masse geben, bei denen kurzzeitig solche Kernfusionen »aufflackern«, um dann für immer zum Erliegen zu kommen. Das wären dann Braune Zwerge mit zeitweiliger Sternanwandlung, Möchtegern-Sterne, so könnte man sagen.

Aber wo liegt der Unterschied zwischen dem größten denkbaren Gasplaneten und dem kleinsten denkbaren Braunen Zwerg?, so fragten sich die Astronomen. Zur Beantwortung dieser Frage muss man zuerst einmal feststellen, dass Planeten in der Regel eine andere Entstehungsgeschichte haben als Braune Zwerge. Große Gasplaneten wie Jupiter entstehen immer durch »Verklumpung« in den Gas- und Staubscheiben, von denen junge Sterne umgeben sind. Ein Planet wird nie irgendwo allein im All entstehen. Bei einem Braunen Zwerg wird aber genau das eher die Regel als die Ausnahme sein. Braune Zwerge entstehen allein, paarweise oder – eher selten – als Begleiter echter Sterne.

Tatsächlich hat man inzwischen sowohl große Gasplaneten als auch Braune Zwerge in Umlaufbahnen ferner Sterne entdeckt. Aber ebenso Braune Zwerge, die einsam durchs Universum treiben. Man hat auch schon Doppelsysteme aus zwei einander umrundenden Braunen Zwergen gefunden.

Im Bereich von 10 bis 30 Jupitermassen scheint der Übergang von Gasplaneten zu Braunen Zwergen zu liegen. Im Bereich von 300 Jupitermassen liegt der Beginn so genannter Roter Zwergsterne. Manche Forscher vertreten allerdings die Meinung, dass diese Grenzen zwischen Gasplaneten, Braunen Zwergen und Sternen willkürlich sind. Es könnte im Prinzip möglich sein, dass sogar Braune Zwerge mit nur wenigen Jupitermassen entstehen. Damit wäre freilich eine klare Definition von Planet, Braunem Zwerg und Stern hinfällig; es gäbe nur fließende Übergänge. Aber ist nicht genau das typisch für die Natur? Die Natur mag keine scharfen Grenzen. Diese versucht der forschende Mensch zu ziehen, weil er ein Bedürfnis hat, die Dinge eindeutig voneinander abzugrenzen.

Vor kurzem entdeckten Astronomen der Europäischen Südsternwarte (ESO) mit dem Very Large Telescope (VLT) ein ungewöhnliches Paar aus einem Weißen und einem Braunen Zwerg. Ursprünglich war der Weiße Zwerg ein sonnenähnlicher Stern gewesen, den der Braune Zwerg umkreiste. Als es mit dem Stern zu Ende ging, blähte er sich zu einem Roten Riesen auf und vereinnahmte seinen kleineren Begleiter. Durch die Reibung in der Gashülle des Roten Riesen wurde der Braune Zwerg auf seiner Bahn abgebremst und trudelte spiralig auf das Zentrum des Roten Riesen zu. Doch bevor er ganz darin verschwand, sprengte der Rote Riese seine Hülle ab und kollabierte zu einem Weißen Zwerg. Das ist der Zustand, in dem beide Objekte mit dem VLT beobachtet wurden. In Zukunft werden sich beide Himmelskörper immer weiter annähern. In etwa 1,4 Milliarden Jahren werden sie so eng zusammen sein, dass der Weiße Zwerg dem Braunen Zwerg Gasmaterie entreißen kann. Diese wird sich auf seiner Oberfläche ansammeln – bis dort der Gasdruck irgendwann so groß ist, dass es zu einer thermonuklearen Explosion kommt, von der vermutlich beide zerrissen werden.

# Sechstes Kapitel

# DAS NEUESTE VON EXTRASOLAREN PLANETEN

**G**eradezu fieberhaft wird seit etwa zehn Jahren nach Planeten ferner Sterne gesucht – seit neuartige Teleskope eine solche Suche überhaupt als sinnvoll erscheinen lassen. Letztlich zielt dieser neue Forschungszweig darauf ab, Planeten mit erdähnlichen Eigenschaften zu entdecken. Sollte dies gelingen, so böte sich die Chance, auf außerirdische Lebensformen zu stoßen. Wenn man davon ausgeht, dass es noch viele sonnenähnliche Sterne in der Milchstraße gibt – von den hundert Milliarden anderen Galaxien ganz zu schweigen –, so besteht auch die Möglichkeit, dass diese von erdähnlichen Planeten umrundet werden. Wieso sollte die Erde der einzige lebensfreundliche Planet in der unermesslichen Galaxis sein?

Logischerweise waren die ersten Planeten, die man bei einem fremden Stern entdeckte, sehr groß. Auch war es zu Beginn dieser Forschung nicht möglich, einen solchen Planeten direkt zu beobachten; dazu waren die vorhandenen Teleskope zu schwach. Der erste extrasolare Planet (kurz: Exoplanet) wurde also indirekt nachgewiesen, und zwar durch die Unwucht, die er seinem Zentralgestirn aufzwingt. Auf seinem Weg innerhalb des galaktischen Spiralarms gerät ein von einem Planeten umrundeter Stern ein klein wenig ins Schlingern. Auf gut deutsch: Er eiert. Aus diesem Eiern können die Astronomen auf die Bahndaten des unsichtbaren Planeten schließen. Freilich sind diese nicht sehr genau. Und die Frage, ob es sich um einen einzigen oder mehrere Planeten handelt, bleibt auch offen. Jedenfalls gelang einer Astronomengruppe der Sternwarte Genf im Jahre 1995 die erste derartige Beobachtung. Demnach wird der Stern 51 Pegasi von einem Objekt in Jupitergröße auf einer fast kreisförmigen Bahn umkreist, und zwar in dem überraschend geringen Abstand von nur 0,05 Astronomischen Einheiten. (1 AE entspricht dem mittleren Abstand der Erde zur Sonne.) Bis zu diesem Zeitpunkt ging man davon aus, dass sich große Planeten auch in großen Abständen um ihr Zentralgestirn bewegen, wie das in unserem Sonnensystem der Fall ist.

Ebenfalls im Jahre 1995 wurden zwei weitere Exoplaneten mit großer Masse entdeckt, von denen einer den Stern 70 Virginis auf einer stark elliptischen Bahn in großem Abstand umrundet. Auch das kennen wir von unserem Sonnensystem nicht; da haben die großen Gasplaneten alle fast kreisrunde Bahnen.

Damit war von Anfang an klar, dass andere Sternsysteme nicht unbedingt wie unser eigenes aussehen müssen. Besonders die stark elliptischen Umlaufbahnen, die später auch noch bei anderen Exoplaneten entdeckt wurden, geben den Forschern bis jetzt Rätsel auf. Da sich, nach der gängigen Theorie, Planeten in einer Scheibe aus Gas und Staub um einen jungen Stern bilden, sollten sich die entstehenden Planetenbahnen wegen der Reibungseffekte in der Scheibe immer mehr einem Kreis annähern. Freilich kennen wir in unserem Sonnensystem auch stark elliptische Umlaufbahnen, nämlich jene der Kometen. Vermutlich wurden sie durch nahe Vorübergänge an den großen äußeren Planeten in elliptische Bahnen katapultiert. Ähnliche Vorgänge könnten auch einigen Planeten in fernen Sternsystemen widerfahren sein. Möglicherweise ist unser Sonnensystem mit seinen nahezu kreisförmigen Planetenbahnen im Universum doch eher die Ausnahme.

## Exoplaneten am laufenden Band

Auf diese erste Art der indirekten Beobachtung folgte ab November 1999 eine zweite: Zwei amerikanische Astronomen erhaschten erstmals den Schatten eines Exoplaneten, der den Stern HD209458 im Sternbild Pegasus umrundet. Dabei ist dieser Stern nicht mal mit bloßem Auge am Nachthimmel zu sehen. Doch für die Astronomen ist er von besonderem Interesse, da er sich durch eine Besonderheit auszeichnet: Die Helligkeit dieses Sterns variiert auf markante Weise. Auf Grund von Geschwindigkeitsschwankungen des Sterns wusste man bereits, dass er von einem Planeten, der etwa die Größe Jupiters hat, umrundet wird. Die Astronomen fragten sich, ob die regelmäßigen Lichtschwankungen des Sterns möglicherweise dadurch verursacht werden, dass der Planet, von der Erde aus gesehen, vor der Scheibe seines Zentralgestirns vorbeizieht, wobei sich die Helligkeit des Sterns in einem ganz bestimmten Rhythmus verringert. Im Prinzip passiert hier nichts anderes als bei einer Sonnenfinsternis, wo der Mond in Sichtlinie zur Erde vor der Sonne vorbeizieht.

Diese Beobachtungsmethode beim Aufspüren von Exoplaneten wird als Transitmethode bezeichnet. Mit »Transit« ist der optische Durchgang des Planeten durch die Sternscheibe gemeint. Die Messung der sich verändernden Lichtstärke des Sterns ist Gegenstand einer astronomischen Spezialdisziplin, der sogenannten Fotometrie. Im Prinzip sind mit dieser Methode auch Exoplaneten von der Größe der Erde zu registrieren. Allerdings kann das nur bei Sternen gelingen, die nicht allzu weit von uns entfernt sind.

Es soll an dieser Stelle nicht unerwähnt bleiben, dass diese Methode der Planetenjagd auch schon einen ersten Rückschlag erfahren musste: Bei einem im Jahre 1999 entdeckten vermeintlichen Exoplaneten handelte es sich um eine optische Täuschung. Der Stern HD 192263, so stellte sich drei Jahre später heraus, besitzt keinen Planeten. Was man dafür hielt, erwies sich als ein Sonnenfleck auf der Oberfläche des Sterns, der sich mit der Eigenrotation des Sterns mitbewegte.

Was den Stern HD 209458 betrifft, so nimmt seine Helligkeit für ca. drei Stunden um 1,8 Prozent ab. Diese Schwächung der Leuchtkraft beweist nicht nur die Existenz eines Planeten, sondern ermöglicht sogar die Berechnung seines Durchmessers; dieser ist 1,3-mal so groß wie der von Jupiter.

Würden außerirdische Astronomen unsere Sonne aus großer Distanz beobachten, so könnten sie alle 365,24 Tage eine geringe Abnahme (nur 0,01 Prozent) ihrer Helligkeit bemerken und so auf die Existenz der Erde schließen. Mit extrem empfindlichen fotometrischen Instrumenten könnten sie sogar das Vorhandensein eines Monds feststellen.

## Die Suche nach Leben auf Planeten ferner Sterne

Da dieser astronomische Forschungszweig, wie schon gesagt, letztlich der Suche nach außerirdischem Leben dient, werden vorrangig solche Sterne unter die Lupe – sprich: unters Teleskop – genommen, die unserer Sonne ähnlich sind, also Sterne mittlerer Größe. Soll ein ferner Planet als Lebensort überhaupt in Frage kommen, so muss er bestimmte Voraussetzungen erfüllen. Kurz gesagt: Er muss eine erdähnliche Biochemie aufweisen. Das heißt vor allem, dass auf ihm flüssiges Wasser vorhanden sein muss. Diese Grundbedingung für Leben wird aber nur bei einem Planeten gegeben sein, der sich nicht zu nahe, aber auch nicht zu weit entfernt um sein Zentralgestirn bewegt. Ist der Planet zu nahe am Stern, wird ihn ein sich selbst verstärkender Treibhauseffekt zu einem lebensfeindlichen Ort machen. Denn die Atmosphäre eines solchen Planeten wird einen sehr hohen Anteil an Wasserdampf aufweisen. Die intensive Strahlung des Sterns würde das Wasser in der Atmosphäre in Sauerstoff und Wasserstoff aufspalten, wobei sich Letzterer wegen seiner Leichtigkeit in den Weltraum verflüchtigte. Der Planet würde so immer heißer und trockener werden, wie das in unserem Sonnensystem bei der Venus der Fall ist. Im umgekehrten Fall – wenn der Planet zu weit vom Stern entfernt ist – kühlt der Planet immer weiter aus. Das hätte zur Folge, dass das Kohlendioxid und andere Gase in der Atmosphäre kondensierten und sich als »Schnee« auf die Oberfläche legten. Das würde die Abkühlung noch weiter verstärken, da dieser »Schnee« die einfallende Strahlung des Sterns stärker reflektierte als das dunkle Gestein. Ein solcher Planet wäre von ewigem Frost beherrscht, ähnlich wie das beim Mars der Fall ist.

Bei Sternen, die kleiner sind als unsere Sonne, liegt die lebensfreundliche Zone näher am Stern. Eine enge Umlaufbahn erhöht die Wahrscheinlichkeit, den Durchgang des Planeten in der Sichtlinie zur Erde beobachten zu können. Zudem würde der Planet ein umso deutlicheres Durchgangssignal liefern, je kleiner der Stern wäre. Das heißt, dass die Chance, einen möglicherweise belebten Planeten zu finden, in der Umgebung eines kleineren Sterns am höchsten ist.

Bislang ist die Suche nach erdähnlichen Exoplaneten noch nicht besonders ergiebig. Die meisten der über 300 bekannten Objekte haben relativ große Massen und bewegen sich auf zum Teil verblüffend engen Bahnen um ihren Stern. Sie kämen nicht mal für einfachste, also einzellige Lebensformen in Frage. Noch sind die Beobachtungsinstrumente zu schwach, um erdgroße Planeten beim Durchqueren einer Sternscheibe registrieren zu können. Allerdings konnte im August 2005 eine internationale Forschergruppe, die sich PLANET-Team nennt, mit Hilfe einer anderen Suchmethode den ersten erdähnlichen Exoplaneten aufspüren. Das hierbei verwendete Beobachtungsverfahren beruht auf einer Vorhersage Albert Einsteins: Auch Lichtstrahlen werden, nicht anders als Materie, durch die Wirkung der Gravitation (= Schwerkraft) von massereichen Objekten (z. B. Sternen) angezogen und dabei abgelenkt. Man spricht von einem sogenannten Gravitationslinsen-Effekt. Zieht zum Beispiel ein Stern von uns aus gesehen vor einem leuchtenden Hintergrund vorbei (etwa einem anderen Stern oder einer Galaxie), so trifft das Hintergrundlicht, wie von einer Linse gebündelt, auf die Erde. Das Hintergrundlicht zeigt also einen Anstieg seiner Helligkeit, solange der Stern vor ihm vorbeizieht. Zunahme und Abnahme der Lichtintensität sind mathematisch exakt berechenbar. Beim Durchgang eines Einzelsterns entsteht eine symmetrische Kurve für die Helligkeit des Hintergrundobjekts. Hat der vorbeiziehende Stern jedoch einen planetarischen Begleiter, so weist diese Lichtkurve einen oder mehrere Zacken auf. Solche Aufhellungszacken durch Gravitationslinsen-Effekt sind allerdings extrem selten; man findet sie nur bei einem unter einer Million Sternen. Es war deshalb ein großer Glücksfall, dass dem Forscherteam dieser Treffer gelang – vergleichbar mit einem Sechser im Lotto. Allerdings wurde die Helligkeit von ca. 10 Millionen Sternen regelmäßig mehrmals pro Woche gemessen – bis man endlich eine typische symmetrische Lichtkurve mit Zacken entdeckte. Die Analysen ergaben einen Stern, der von einem Planeten umrundet wird, wobei dieser 80 Milliardstel der Sternmasse aufweist. Zwar kann bei dieser Messmethode nur das Verhältnis von Sternmasse zu Planetenmasse bestimmt werden – und nicht die beiden Massen selbst –, aber aus der Verteilung der Sternmassen in unserer Milchstraße lässt sich rein statistisch die Größe des Sterns und damit auch die Größe seines Planeten abschätzen. Demnach hat der Stern etwa 0,2 Sonnenmassen, woraus sich für den Planeten die 5,5-fache Masse der Erde ergäbe. Das Sternsystem befindet sich etwa 22 000 Lichtjahre von uns entfernt.

Im Vergleich dazu befindet sich der Stern HD 209458 geradezu vor unserer Haustür: nur 153 Lichtjahre entfernt. Im Jahre 2001 nahm man HD 209458 mit dem Hubble-Weltraumteleskop genauer in Augenschein; zwei Jahre davor hatten ihn die beiden schon erwähnten amerikanischen Astronomen von einem Parkplatz aus mit einem selbst gebastelten Teleskop entdeckt und seine regelmäßigen Helligkeitsschwankungen wahrgenommen. Mit »Hubble's« Messgeräten war es möglich, das Licht, das von HD 209458 auf den vorbeiziehenden Planeten fällt und dabei von dessen Atmosphäre gefiltert wird, in seine Spektralfarben zu zerlegen. Daraus konnte man wiederum auf bestimmte chemische Elemente in der Atmosphäre des fremden Planeten schließen. Es stellte sich heraus, dass die Atmosphäre dieses Exoplaneten sehr viel Natrium enthalten muss. Das lässt bereits darauf schließen, dass es sich um einen sehr unwirtlichen Ort handelt; er besteht aus etwa 1200 Grad Celsius heißen, giftigen Gasen, von denen das gasförmige Natrium eines ist. Auch Wasserstoff wurde nachgewiesen. Die Gashülle des Planeten ist durch die Strahlung seines Sterns aufgebläht, da seine Umlaufbahn 20-mal so eng ist wie die der Erde um die Sonne.

Jahre später, Anfang 2004, machte »Hubble« neue, geradezu spektakuläre Entdeckungen am planetaren Begleiter von HD 209458: Wegen der großen Hitze verliert seine brodelnde Atmosphäre rund 10 000 Tonnen Wasserstoff pro Sekunde. Die neuen Messungen konnten erstmals auch Sauerstoff und Kohlenstoff in der Atmosphäre nachweisen. Der leichte Wasserstoff reißt diese beiden schwereren Elemente mit sich fort in den Weltraum. Der Planet besitzt vermutlich keinen festen Kern, was bedeuten würde, dass es auf ihm niemals Leben gegeben hat oder geben wird. Gasplaneten sind für die uns bekannten Lebensformen ungeeignet. Im Laufe der Zeit wird der Stern seinen nahen Begleiter wahrscheinlich vollständig verdampfen.

## Erster Schnappschuss eines Exoplaneten

Im Herbst 2004 gelang es dann zum ersten Mal, einen extrasolaren Planeten direkt zu fotografieren, und zwar mit Hilfe des VLT (Very Large Telescope). Mit einem speziellen Zusatzgerät konnte ein roter Fleck entdeckt werden, der um den Braunen Zwerg 2M1207 kreist. Dieser befindet sich 230 Lichtjahre von der Erde entfernt. Auch dieses planetare Objekt beherbergt vermutlich kein Leben. Dennoch stellt der Fund einen Meilenstein für diesen noch jungen Forschungszweig dar: das erste abgelichtete Planetensystem außerhalb unseres eigenen!

Einen kleinen »Makel« hatte dieses Foto natürlich: Das Zentralgestirn ist nur ein Brauner Zwerg und kein richtiger Stern. Aber es sollte nur noch ein halbes Jahr dauern, ehe das erste Foto von einem echten Sternsystem gelang; die Aufnahme wurde wiederum mit dem VLT gemacht. Der fotografierte Planet bekam den lustigen Namen GQ Lupi b. Er umkreist seinen Stern in sehr großer Entfernung; sie ist gleich dreimal so groß wie der Durchmesser unseres Sonnensystems. Bei dem Stern handelt es sich um ein junges Exemplar, das besonders hell leuchtet; er ist nur etwa eine Million Jahre alt. Der Planet hat etwa zwei Jupitermassen und ist auf seiner Oberfläche ca. 1800 Grad Celsius heiß. Solche großen Exoplaneten bezeichnen die Astronomen inzwischen als »Heiße Jupiter«. Mitte Juli 2007 meldete ein Astronomenteam der ESA und des University Colleges London den ersten zweifelsfreien Nachweis von Wasser auf solch einem Heißen Jupiter. Es handelt sich um den 64 Lichtjahre entfernten HD189733b. In seiner Atmosphäre herrschen lebensfeindliche 1700 Grad Celsius. Das Vorhandensein von Wasser muss also nicht automatisch Leben bedeuten; nur flüssiges Wasser kann dem Leben als Grundlage dienen. Interessant wäre der Nachweis von Wasser in der Atmosphäre eines Exoplaneten erst dann, wenn es sich um einen erdähnlichen Planeten handelte. Derzeit ist jedoch der Nachweis einzelner chemischer Elemente oder Verbindungen bei erdgroßen Exoplaneten mit entsprechend dünner Atmosphäre noch nicht möglich.

Anfang 2006 konnte endlich auch die Entdeckung eines kleineren Planeten gemeldet werden. Bis dahin hatten die gefundenen Planeten stets Größen im Bereich des Jupiter oder darüber. Das neue Objekt ist hingegen nur 5,5-mal so groß wie die Erde und bewegt sich 20 000 Lichtjahre von uns entfernt um einen Stern. Auf ihm herrscht allerdings eisige Kälte, denn er ist 2,6-mal so weit von seinem Stern entfernt wie die Erde von der Sonne. Da der ferne Stern auch nur ein Fünftel der Sonnenmasse aufweist, geht es in diesem Planetensystem ohnehin sehr frostig zu. Die Forscher schätzen, dass die Temperaturen auf diesem Exoplaneten höchstens minus 220 Grad Celsius betragen. Damit kommt auch er nicht als Lebensort in Frage.

## Die Suche nach einer zweiten Erde
## in den Tiefen des Alls

Im Mai 2006 berichteten die Planetensucher vom Observatorium Genf im Wissenschaftsmagazin Nature über die Entdeckung eines extrasolaren Planeten, der zumindest theoretisch Leben beherbergen könnte. Sein Zentralgestirn (HD69830) befindet sich nur 40 Lichtjahre von der Erde entfernt. Bemerkenswert ist zudem, dass mit ihm noch zwei andere Planeten um diesen Stern kreisen. Der kleinste von den dreien ist 10-mal, der mittlere 12-mal und der größte 18-mal so schwer wie die Erde; sie haben also etwa die Masse von Uranus und Neptun. Die beiden inneren Planeten sind mit Sicherheit für Leben ungeeignet, da sie zu heiß sind. Der dritte und schwerste Planet umkreist den Stern in einer Distanz von etwa 60 Prozent der Distanz Erde – Sonne bei einer Umlaufzeit von 197 Tagen. In unserem Sonnensystem läge er damit freilich auch außerhalb der sogenannten bewohnbaren Zone, in der auf einem Planeten flüssiges Wasser möglich ist. Doch HD69830 ist weniger heiß als die Sonne, weshalb dieser Planet gerade noch am Innenrand der bewohnbaren Zone liegen könnte. Das heißt aber noch lange nicht, dass der Planet auch wirklich lebensfreundliche Bedingungen bietet; das hängt wiederum von zahlreichen anderen Faktoren ab, über die bei diesem Planeten noch nichts gesagt werden kann. Dennoch waren die Astronomen mit dieser Entdeckung ihrem Ziel, erdähnliche Planeten in der bewohnbaren Zone eines Sterns zu finden, ein gutes Stück näher gekommen.

Im Frühjahr 2007 kam ein weiteres wichtiges Wegstück hinzu: Etwa 20 Lichtjahre von der Erde entfernt – näher geht es fast nicht mehr – fand man eine »Super-Erde«, die den Stern Gliese 581 im Sternbild Waage umrundet. Das meldete die Europäische Südsternwarte (ESO) in Chile, mit deren 3,6 Meter-Teleskop das Objekt aufgespürt wurde. Erste Berechnungen ergaben, dass auf dem Planeten mit der fünffachen Erdmasse Durchschnittstemperaturen zwischen null und plus 40 Grad Celsius herrschen müssen. (Die Durchschnittstemperatur auf der Erde beträgt 15 Grad Celsius.) Damit könnte es dort flüssiges Wasser geben. Doch vorerst ist noch völlig unklar, ob es davon auch nur einen Tropfen auf dem Planeten gibt. Mit diesem Objekt wurde der bislang kleinste Planet außerhalb unseres Sonnensystems entdeckt. Er umkreist seinen Stern sehr schnell: einmal in 13 Tagen, und zwar in einer 14-mal engeren Bahn als die der Erde um die Sonne. Er dürfte trotzdem in einer lebensfreundlichen Zone liegen, in der Organismen weder verdampfen noch einfrieren, da Gliese 581 gar kein richtiger Stern ist, sondern nur ein Zwergstern: ein sogenannter Roter Zwerg mit schwacher Energieabstrahlung. Er zählt zu den hundert Sternen, die der Erde am nächsten sind, weshalb er sich für zukünftige Erkundungen, möglicherweise auch Raumfahrtmissionen, eignen würde. Bereits im Jahre 2005 hatte dieselbe ESO-Forschergruppe einen viel größeren Planeten in einer Umlaufbahn um Gliese 581 entdeckt, der den Zwergstern in nur fünfeinhalb Tagen einmal umkreist. Dieser ist etwa so groß wie Neptun. Es gibt auch klare Hinweise auf die Existenz eines dritten Planeten, der achtmal so groß sein soll wie die Erde. Die anfängliche Begeisterung – auch in den Medien – über diese Entdeckung einer »Super-Erde«, also eines lebensfreundlichen Planeten, erfuhr bereits zwei Monate später einen empfindlichen Dämpfer: Forscher vom Potsdam-Institut für Klimaforschung (PIK) gaben zu bedenken, dass die Entdecker des erdähnlichen Planeten übersehen hätten, eine sicherlich vorhandene Atmosphäre in ihre Überlegungen mit einzubeziehen. Nimmt man aber eine für mögliches Leben notwendige Atmosphäre an, sieht es mit einer erträglichen Temperatur zwischen null und 40 Grad Celsius eher schlecht aus. Das Modell der Potsdamer Forscher errechnete für den erdähnlichen Planeten von Gliese 581 enorm viel Kohlendioxid ($CO_2$) in der Atmosphäre und einen entsprechend starken Treibhauseffekt, sodass die Oberfläche höchstwahrscheinlich zu heiß ist für jede Form von Leben. Allerdings ergaben sich für einen anderen der drei Planeten von Gliese 581 günstigere Bedingungen, nämlich Temperaturen, die flüssiges Wasser erlauben würden. Leider wäre in diesem Fall der Atmosphärendruck mindestens fünfmal so hoch wie auf der Erde, was für eine Lebensentwicklung auch wieder ungünstig ist. Zudem umkreist dieser Planet den Stern in äußerst geringem Abstand, weshalb er ihm wegen der starken Schwerkraftwirkung stets dieselbe Seite zuwendet. Man spricht von einer gebundenen Rotation, wie sie auch unser Mond gegenüber der Erde zeigt. Auf der einen Hälfte des Planeten wäre es deshalb vermutlich viel zu heiß, auf der anderen immer dunkel und extrem kalt.

## Die Suche nach Exoplaneten beflügelt die Astronomie

Die Erforschung extrasolarer Planeten, das zeigen die Beispiele, ist auf einem vielversprechenden Weg. Elf Jahre nach der ersten indirekten Beobachtung eines Planeten in einem fernen Sternsystem startete endlich eine russische Sojus-Rakete ins All mit einem speziellen Satelliten-Teleskop an Bord, das einzig für die Suche nach erdähnlichen Exoplaneten entwickelt wurde. Es trägt den Namen »Corot«. Von seiner 900 Kilometer hohen Umlaufbahn um die Erde soll es mit der bewährten Transit-Methode (siehe oben) mehrere ausgewählte Himmelsregionen absuchen, in denen sich jeweils etwa 12 000 Sterne befinden. Nach etwa zwei Jahren wird man insgesamt 60 000 Sterne auf Planeten hin untersucht haben. Corot ist so empfindlich, dass es regelmäßige Lichtschwankungen eines Sterns selbst dann noch messen kann, wenn sie nur ein Zehntausendstel der Gesamtlichtstärke betragen. Um erdgroße Planeten finden zu können, ist eine derartige Empfindlichkeit unabdingbar. Wie viele erdgroße Planeten Corot finden wird, steht aber buchstäblich in den Sternen. Denn niemand weiß im Augenblick, ob Planeten von der Größe der Erde eine normale Erscheinung in Sternsystemen oder eher die Ausnahme sind. Trotz dieser Ungewissheit hoffen die Forscher, wenigstens auf ein paar erdähnliche Planeten zu stoßen.

Doch Corot soll ohnehin nur der Vorreiter einer ganzen Flotte von zukünftigen im All stationierten Planetensuchern sein: Im Jahre 2008 schickte die amerikanische Weltraumbehörde NASA ein Weltraumteleskop namens »Kepler« ins All, und spätestens in zehn Jahren wollen die Europäer den Späher »Darwin« in eine Erdumlaufbahn schießen – ein Paket aus mehreren Infrarot- und optischen Kleinteleskopen. Durch Zusammenschaltung der unterschiedlichen Teleskope lässt sich das Licht des beobachteten Zentralsterns komplett ausblenden, sodass nur noch das Licht des Planeten übrig bleibt – falls einer vorhanden ist. Mit dieser Methode hoffen die Forscher, auch kleine Planeten, die ihren Stern auf einer engen Bahn umrunden und normalerweise von dessen Licht überstrahlt werden, direkt beobachten zu können. Mit »Darwin« wird sogar zu erkennen sein, ob auf einem fernen Planeten Leben existiert. Dank seiner hohen Empfindlichkeit sieht »Darwin« genau, wie viel Licht und Wärmestrahlung vom Planeten abgegeben wird – und welche Wellenlängenbereiche (Frequenzen) von einer vorhandenen Atmosphäre geschluckt werden. Aus den Frequenzlücken kann man dann auf die Existenz von Sauerstoff, Wasser oder Methan schließen, woraus sich wichtige Hinweise auf außerirdisches Leben ergäben. Selbst die Verteilung von eventuell vorhandenen Kontinenten und Ozeanen ließe sich auf diesem Weg bestimmen, da Land und Wasser während einer Umdrehung des Planeten das Licht unterschiedlich stark reflektieren, freilich nur bei wolkenloser Atmosphäre.

Ende 2007 meldete ein Forscherteam an der San Francisco State University die Entdeckung eines Planetensystems mit fünf Planeten. Es gehört zum Stern 55 Cancri A, der sich im Sternbild Krebs befindet, etwa 41 Lichtjahre von der Erde entfernt. Die Planeten benötigen zwischen drei Tagen und 14 Jahren für einen Umlauf um ihren Stern. Der vierte Planet von innen hat eine erdähnliche Umlaufzeit von 260 Tagen und liegt höchstwahrscheinlich in der lebensfreundlichen Zone. Er ist zwar gasförmig und hat etwa die halbe Masse des Saturn, doch er könnte große Monde besitzen, wie das auch bei unseren Gas-Planeten der Fall ist, und auf diesen könnte es Becken mit flüssigem Wasser geben. Dieses Beispiel zeigt, dass ein Planetensystem wie das unsrige im Universum keineswegs ungewöhnlich ist. Wahrscheinlich sind Planetensysteme, die ihrer stürmischen Frühzeit entwachsen sind, mit der größtmöglichen Zahl an Planeten angefüllt. Ihre Bahnen liegen so eng beieinander, wie es die Stabilität des Systems gerade noch erlaubt. Was zu viel ist, wird aus dem System hinausgeworfen.

## Planemos als planetarische Weltenbummler

Mittlerweile wissen wir von über 300 Exoplaneten. Das ist an sich schon eine aufregende Erweiterung unseres Weltbilds. Doch im Jahre 2000 fielen die Astronomen geradezu in ungläubiges Staunen, als ein Team aus spanischen, deutschen und amerikanischen Kollegen die Entdeckung von fernen Planeten meldeten, die sich ohne Zentralgestirn durchs Universum bewegen – Planeten-Vagabunden, wenn man so will. Fortan rätselten die Experten über die Entstehung dieser einsamen planetarischen Weltenbummler, die auch gleich einen eigenen Namen bekamen: zuerst »Planetare«, schließlich »Planemos«. Bei ihnen handelt es sich ausnahmslos um junge, lichtschwache Himmelskörper, die 5- bis 12-mal schwerer sind als Jupiter. Weil sie jung sind, können sie überhaupt beobachtet werden. Denn von ihnen geht noch messbare Wärmestrahlung aus, gewissermaßen der Rest der Wärme, die während ihrer Bildung durch die Zusammenballung von Materie entstanden war. Ihre Infrarotstrahlung offenbart sich den Astronomen mit Hilfe der gleichen Messgeräte, die sie auch bei der Suche nach Braunen Zwergen und jungen Sternen verwenden. So wurden die ersten Planemos rein zufällig bei der Suche nach jungen Sternen gefunden.

Planemos sind als große Planeten einzustufen. Die Frage ist, wie sie zu ihrem Einzelgängerdasein gekommen sind. Denn nach der gängigen Theorie – wir kennen sie bereits – bildet sich ein Planet in einer Gas- und Staubscheibe, die einen neu entstandenen Stern umhüllt. Auch Planemos sind vermutlich in solch einer Staubscheibe entstanden. Irgendwann aber könnten sie durch den sanften Schwerkraftzug eines nahe vorbeiziehenden Sterns aus ihrer Umlaufbahn geschleudert worden sein, um von da an allein durchs All zu fliegen. Möglich wäre aber auch, dass Planemos, nicht anders als Sterne oder Braune Zwerge, selbständig aus einer eigenen Staubscheibe hervorgegangen sind. Sie wären also von Anfang an ohne einen Stern ausgekommen. Denkbar wäre dann sogar, dass Planemos Monde besitzen. Ebenso denkbar wäre, dass in einem dichten Sternhaufen zwei Planetensysteme zusammenstoßen, wobei einige Planeten aus ihren Bahnen katapultiert werden.

Als wäre das alles nicht schon verwirrend genug, stießen im Jahre 2006 zwei Astronomen auch noch auf zwei Planemos, die einander umrunden: ein Planemo-Doppelsystem mit der Bezeichnung Ophinchus 1622. Zuerst dachte man, es handelte sich um ein Doppel-Sternsystem. Detaillierte Untersuchungen mit dem VLT ergaben jedoch, dass man es mit jungen, über 2000 Grad Celsius heißen Gasplaneten zu tun hatte, die 13-, beziehungsweise 7-mal so schwer sind wie Jupiter. Wie aber sollte dieses Paar entstanden sein? Jedenfalls können sie nicht gleichzeitig aus einem Sternsystem herausgeschleudert worden sein; sie hätten dann kaum eine Möglichkeit gehabt, ein gebundenes Doppelsystem zu bilden. Vermutlich ist der Planemo-Zwilling auf die gleiche Weise entstanden wie ein Doppelstern, also direkt durch Kollaps einer Gas- und Staubwolke. Tatsächlich hat man inzwischen Reste einer solchen Urwolke um Ophinchus 1622 nachweisen können.

Im Universum, so scheint es, ist letztlich alles möglich, selbst Objekte (z. B. Schwarze Löcher), die die Physik eigentlich gar nicht erlaubt. Man findet Sterne mit oder ohne Planeten, Planeten ohne Stern, aber dafür mit Monden, aber auch solche ohne Monde, dann Planeten-Zwillinge, Doppel- und Mehrfachsysteme aus Sternen, aus Stern und Braunem Zwerg beziehungsweise Weißem und Braunem Zwerg oder Braunem Zwerg und Planemo. Jeder macht's mit jedem, so könnte man sagen. Vor allem aber müssen wir uns von der vertrauten Vorstellung verabschieden, dass Planeten stets an ein Zentralgestirn gebunden sein müssen. Und etwas anderes ist inzwischen auch klar: Die Grenzen zwischen Stern, Braunem Zwerg und Planeten sind fließend.

Verabschieden müssen wir uns auch von der Vorstellung, dass Planeten stets nur um einen einzigen Stern kreisen. Alles spricht dafür, dass es im Universum viele Planeten mit zwei Sternen gibt. Solche Doppelsysteme könnten sogar vielversprechende Orte für die Suche nach fernen Planeten sein. Computersimulationen haben gezeigt, dass die Wahrscheinlichkeit eines solchen Funds recht hoch ist. Die beiden Sterne sollten allerdings nicht allzu weit voneinander entfernt sein – maximal dreimal so weit wie die Erde von der Sonne.

# Siebtes Kapitel

# DAS NEUESTE VON KOMETEN UND ASTEROIDEN

Von jeher haben Kometen die Menschen fasziniert – und geängstigt. Sie wurden als Vorboten großer und vor allem katastrophaler Veränderungen gedeutet. Die moderne Forschung sieht sie hingegen ganz nüchtern: als gigantische schmutzige Schneebälle, die in weiten elliptischen Bahnen die Sonne umrunden. Sie tauchen hell am Nachthimmel auf, oft mit bloßem Auge deutlich zu erkennen, um dann für viele Jahrzehnte wieder in die dunklen und kalten Außenregionen des Sonnensystems zu entschwinden. Ihre periodische Wiederkehr kann exakt berechnet werden.

Der berühmteste unter den zahllosen Kometen ist zweifellos der Halleysche, benannt nach dem englischen Astronomen und Mathematiker Edmond Halley (1656–1742). Für einen Umlauf auf seiner lang gestreckten elliptischen Bahn, die weit über die Neptunbahn hinausreicht, benötigt er rund 76 Jahre. Seine jüngste Annäherung an die Sonne – und damit auch an die Erde – fand 1985/86 statt, wobei er gleich von mehreren Raumsonden unter die Lupe genommen wurde. Sein eisig-staubiger Kern ist ungefähr 15 mal 8 mal 8 Kubikkilometer groß. Je näher er der Sonne kommt, umso mehr Eis verdampft, was zur Bildung des charakteristischen Schweifs führt; dieser zeigt stets von der Sonne weg. Der Grund dafür ist der von der Sonne radial nach außen wehende Sonnenwind, ein Strom geladener Teilchen (vor allem Elektronen, Protonen und Heliumkerne), den die Sonne unablässig aussendet.

Ein Komet bildet bei Annäherung an die Sonne nicht nur einen gewaltigen Schweif, sondern auch sein Kern kann sich dabei ins Gigantische aufblähen. Im November 2007 konnte man im Sternbild Perseus solch einen aufgeplusterten Kometen mit bloßem Auge erkennen; er war so hell wie die Sterne des Großen Wagens und trägt die Bezeichnung 17P/Holmes. Dieser kosmische Schneeball, dessen harter Kern nur wenige Kilometer im Durchmesser hat, umgibt sich momentan mit einer sogenannten Koma, einer Staubatmosphäre, ohne vorerst einen Schweif ausgebildet zu haben. Diese Koma hat bereits den Durchmesser der Sonne (knapp 1,4 Millionen Kilometer) übertroffen. Pro Sekunde wächst die Koma um einen halben Kilometer. Das Wachstum hatte am 24. Oktober 2007 ganz plötzlich eingesetzt und war von einem Aufflammen begleitet. Dabei hatte sich die Helligkeit des Kometen in kürzester Zeit auf das 500 000-fache gesteigert. Seine Bahn verläuft zwischen Mars und Jupiter. Was diesen plötzlichen Energieausbruch verursacht hat, wissen die Astronomen nicht.

## Ein seltener Kometen-Crash

Üblicherweise sorgen Kometen immer dann für großes Aufsehen, wenn sie strahlend hell am Nachthimmel stehen. Im Sommer des Jahres 2000 war genau das Gegenteil der Fall: Ein bis dahin nur von Kometen-Spezialisten wahrgenommener schwach leuchtender Schweifstern mit Namen Linear verschwand plötzlich von der himmlischen Bildfläche. Wenige Tage vor dem Erreichen des sonnennächsten Punkts seiner Umlaufbahn zerbrach der Komet in mindestens 16 Kometen-Winzlinge, die nach kurzer Zeit nicht mehr sichtbar waren. Doch die kurze Zeitspanne nach dem Zerbrechen des Kometen reichte aus, um mit geeigneten Teleskopen endlich einmal das Innere eines Kometen studieren zu können. Die Aufnahmen bestätigten die Hypothese, wonach Kometen nichts weiter als fliegende Geröllhaufen sind, die von Eis zusammengehalten werden. Bereits Monate vor dem Zerbersten hatten Astronomen gelegentliche Helligkeitsausbrüche beobachtet, die freilich für diese Art von Himmelskörpern nicht ungewöhnlich sind. Wenn sich nämlich bei der Annäherung an die Sonne das Eis im Kometenkern erwärmt, entstehen Gasblasen, die schließlich regelrechte Krater in die Oberfläche sprengen. Aus diesen schießen Gas und Staub hinaus und bilden den immer länger werdenden Schweif. Bei Linear muss eine besonders große Gasblase entstanden sein, die beim Zerplatzen gleich den ganzen Kometen zerrissen hat. Das war vermutlich nur deshalb möglich, weil der Kern ohnehin aus mehreren Riesenbrocken bestand, die bis dahin nur lose zusammengehalten wurden. Kurz vor dem Zerbrechen hatte sich der Kometenkern zu einem Oval gedehnt, wobei er immer lichtschwächer wurde. Zwei Tage später war nichts mehr von ihm zu sehen. Erst mit dem Weltraumteleskop Hubble und dem VLT gelang es, die Bruchstücke aufzuspüren. Sie flogen als Minikometen-Schwarm weiter und wurden dabei immer lichtschwächer. Der Komet zerbröselte buchstäblich. Die »Brösel« waren nicht größer als hundert Meter, während der Kometenkern vor seiner Zerstörung knapp einen Kilometer im Durchmesser hatte. Er war somit nur ein kleiner Vertreter seiner Klasse.

Durch das Zerbrechen gab der Komet notgedrungen sein Innerstes preis und bot so den Wissenschaftlern wertvolle Hinweise auf seine Entstehung. Nach der gängigen Theorie sind die Kometen unseres Sonnensystems bereits vor 4,6 Milliarden Jahren entstanden – und damit so alt wie die Erde und alle übrigen Planeten. Damals war die junge Sonne, wie alle jungen Sterne, noch von einer Gas- und Staubscheibe umgeben. Kometen bestehen also aus ursprünglicher kosmischer Materie, die sich in der Staubscheibe aus winzigen Partikeln zu immer größeren Brocken zusammengeballt hat. Bei der relativ kleinen Materieansammlung in einem Kometenkern ist es weniger die Massenanziehungskraft, die den losen Brocken zusammenhält, als vielmehr das aus Wasser und Kohlendioxid ($CO_2$) bestehende Eis. Vor allem auch aus den Analysen der ausgestoßenen Gase gewannen die Forscher Hinweise auf die Entstehungsgeschichte des Kometen; allerdings waren die Daten über die chemische Zusammensetzung noch recht ungenau und somit auch die Analysen nur von begrenzter Aussagekraft. Dass sich in

Kometenschweifen vor allem Kohlenmonoxid (CO) und Methylalkohol – ein organisches Molekül – befinden, wusste man schon von früheren Beobachtungen an anderen Kometen. Aus den neuen Daten konnte man immerhin schließen, dass sich der Komet Linear vor 4,6 Milliarden Jahren in der Region zwischen Jupiter und Saturn gebildet haben musste. Andererseits folgerten die Astronomen aus der Bahn des Kometen, dass er ursprünglich aus einer wesentlich größeren Entfernung zur Sonne gekommen sein musste. Diesen Widerspruch erklären die Wissenschaftler mit der ereignisreichen, Milliarden Jahre währenden Geschichte unseres Sonnensystems. Vermutlich hatte einer der beiden großen Gasplaneten (Jupiter oder Saturn) mit seiner Schwerkraft den noch jungen Kometen in eine bestimmte Außenregion des Sonnensystems katapultiert, in die sogenannte Oortsche Wolke. Dabei handelt es sich um ein heute schalenförmiges Gebiet, das etwa 10 000-mal so weit von der Sonne entfernt ist wie die Erde. Dort zog der Komet Linear mehrere Milliarden Jahre lang seine Bahn, bis zufällig ein Stern relativ nahe an ihm vorbeizog und ihn durch seine Schwerkraftwirkung wieder in Richtung Sonne schleuderte. Das ist freilich nur eine wissenschaftliche Hypothese. Unzählige Kometen mit ähnlichem Schicksal verabschieden sich jedoch nach solch einem Flug ins Innere des Sonnensystems wieder in die Oortsche Wolke, von der sie gekommen sind. Einige aber werden durch die Schwerkraftwirkung Jupiters oder Saturns so umgelenkt, dass sie im inneren Sonnensystem bleiben und periodisch, wie der Halleysche Komet, am Nachthimmel auftauchen. Solche »Wiederkehrer« sind aber schon deshalb die Ausnahme, weil viele Kometen aus den eisigen Tiefen des Weltraums bei ihrer Annäherung an die Sonne zerbrechen – noch ehe sie entdeckt werden. Denkbar sind auch Kometen, die gar kein Gas verlieren und deshalb als dunkle Brocken ebenfalls unentdeckt durchs Sonnensystem rasen.

Der Komet Linear war nicht der erste, dem die Astronomen beim Zerbrechen zuschauen konnten. Da wäre beispielsweise noch der Komet Schwassmann-Wachmann zu nennen, der mittlerweile aus etwa 50 Bruchstücken besteht – oder besser: nicht mehr besteht. Und aus dem einführenden Kapitel dieses Buchs über die modernen Teleskope wissen wir bereits vom Kometen Shoemaker-Levy, der in neun Teile zerbrach, von denen eines im Juli 1994 in den Planeten Jupiter raste. Dieses spektakuläre Ereignis entfachte damals eine Diskussion darüber, ob Jupiter als größter Planet im Sonnensystem mit seiner Schwerkraft womöglich wie ein Magnet auf Kometen und Asteroiden wirken könne. Wenn ja, dann könnte er in der Vergangenheit schon zahllose vagabundierende Himmelskörper von der Erde ferngehalten haben. Unter den Wissenschaftlern überwog zu jener Zeit noch die Ansicht, dass sich das Leben auf der Erde nur entwickeln konnte, weil der »große Bruder Jupiter« sie vor einem allzu heftigen Bombardement aus dem All beschützt hat. Neueste Computersimulationen deuten allerdings darauf hin, dass auch das Umgekehrte gelten könnte. Demnach würde ein Riesenplanet wie Jupiter die Wahrscheinlichkeit eines großen Einschlags auf der Erde sogar erhöhen. Kosmische Eindringlinge aus den äußeren Regionen des Sonnensystems kann Jupiter in der Tat oftmals abfangen oder umlenken. Doch nur einen Teil der Objekte katapultiert er ins äußere Sonnensystem zurück; einen ebenso großen Teil schleudert er nach innen und damit auch in Richtung Erde. Daraus folgt: Ein mächtiger Jupiter kann als Schutz für unsere Erde wirken, muss aber nicht.

Was den genannten Kometen Schwassmann-Wachmann betrifft, so wurde dieser bereits im Jahre 1930 von den deutschen Astronomen Arnold Schwassmann und Arthur Wachmann an der Hamburger Sternwarte entdeckt. Er kehrte im regelmäßigen Abstand von 5,4 Jahren wieder. Dann aber blieb er verschwunden. 1989 tauchte er wieder auf. Bei seiner erneuten Wiederkehr im Jahre 1995 stieg seine Helligkeit plötzlich um das Tausendfache an. Der Grund: Er war in drei Teile zerbrochen. Seitdem zerfällt er immer weiter und in immer rascherem Tempo. Wie gesagt, 2006 waren es bereits 50 Bruchstücke, die auf ihrer Bahn um die Sonne hintereinander herrasten.

## Geplante Landung auf einem Kometen

Zweifellos konnten mit Hilfe von Großteleskopen wichtige Erkenntnisse über Kometen gewonnen werden, doch den Astronomen genügen diese nicht. Sie wollen die Schweifsterne nicht nur aus der Ferne beobachten, sondern mit geeigneten Sonden direkt untersuchen, sobald sie in unsere Nähe kommen. Etwa seit 1986 tüftelt die ESA an solch einer Mission mit Namen Rosetta, die man zu den kühnsten und schwierigsten Projekten der unbemannten Raumfahrt zählen darf. Denn Kometen erreichen in Sonnennähe ein beachtliches Tempo (30 000 Kilometer pro Stunde und mehr), was eine Annäherung schwierig macht. Damit eine Sonde bei diesem Tempo mithalten kann, braucht sie zusätzlichen Schwung. Die Geschwindigkeit, die ihr von der Startrakete verliehen wird, reicht dafür bei Weitem nicht aus. Auf verschlungenem Kurs um den Mars und wieder zurück in Erdnähe wird sie durch die Schwerefelder beider Planeten auf die nötige Geschwindigkeit beschleunigt. Dieser sogenannte Swing-by-Kurs erfordert jedoch eine ganz spezielle Stellung von Erde, Mars und Komet zueinander.

Als erstes Besuchsobjekt wurde von der ESA der Komet Wirtanen ausgewählt. Anfang 2003 sollte sich die Kometensonde Rosetta auf den Weg zu ihm machen. Doch es gab kurzfristig Probleme mit der Trägerrakete Ariane 5, und der Plan musste aufgegeben werden. Also war man gezwungen, nach einem neuen Kandidaten Ausschau zu halten, der in einer angemessenen Zeit erreichbar wäre. Es hätte zum Beispiel wenig Sinn, auf den Halleyschen Kometen zu warten, der erst wieder im Jahre 2062 in unsere Nähe kommt. So suchen die Forscher lieber unter der sogenannten Jupiter-Familie der Kometen, die auf ihren elliptischen Bahnen der Sonne etwa alle fünf Jahre nahe kommen. Dabei entfernen sie sich nur bis zur Jupiterbahn von der Sonne und fliegen etwa im Erdabstand an ihr vorbei. Zu dieser Familie gehören weniger bekannte Kometen wie zum Beispiel Wild 2, Howell oder der in die Brüche gegangene Schwassmann-Wachmann. Sie alle werden in Sonnennähe nicht sehr hell und bleiben unserem Laienauge meist verborgen; doch für die Wissenschaftler sind sie sehr interessant. Man kann an ihnen sehr gut beobachten, wie sie auf ihrem Weg zur Sonne aktiv werden.

Schließlich fiel die Wahl auf einen Kometen mit dem komplizierten Namen Churyumow-Gerasimenko, kurz Chury genannt, der ebenfalls zur Jupiter-Familie gehört. Am 2. März 2004 ging die Sonde Rosetta endlich auf die lange Reise; diese wird erst nach zehn Jahren – und zurückgelegten 5 Milliarden Kilometern – am 23. Mai 2014 zu Ende gehen. Wie schon gesagt: Auf direktem Weg lässt sich der Komet nicht anfliegen, weil Rosetta dafür zu langsam wäre. Deshalb flog die Sonde zuerst auf einer Kreisbahn um die Sonne und kämpfte sich gegen deren Anziehungskraft in äußere Bereiche des Sonnensystems vor. 2005 holte sie sich erstmals Schwung durch einen Swing-by mit der Erde, 2007 dann mit dem Mars. Die Mars-Passage war besonders kritisch, denn Rosetta raste dabei im Abstand von nur 200 Kilometern am roten Planeten vorbei. Damit die ganze Mission überhaupt gelingen kann, muss die Bahn der Sonde auf einen Kilometer genau vermessen werden. Zwischen den Swing-by-Manövern wird Rosettas Bahn deshalb mit Hilfe eines kleinen Triebwerks korrigiert (Orbital Correction Manoeuvre). Kurz vor Erreichen des Kometen – in etwa 1000 Kilometer Entfernung – wird ein kleines Teleskop an Bord die exakte Position des im Durchmesser nur 4 Kilometer großen Kometen ermitteln. Erst danach wird Rosetta in eine enge Umlaufbahn um den eisigen Himmelskörper einschwenken. Von der Erde wird sie dann 500 Millionen Kilometer entfernt sein.

Insgesamt elf Instrumente an Bord werden die chemische Zusammensetzung der von der Kometenoberfläche abdampfenden Gase bestimmen. Eine Spezialkamera wird Detailaufnahmen zur Erde funken, um auf deren Grundlage das Landemanöver des mitgeführten Roboters Philae vorzubereiten. Wegen der geringen Schwerkraftwirkung des Kometen wird Philae nicht das Problem haben, eine sanfte Landung hinzukriegen. Vielmehr wird sein Problem darin bestehen, auf der Kometen-Oberfläche haften zu bleiben. Der auf der Erde 100 Kilogramm wiegende Roboter bringt es auf dem Kometen nur noch auf ein Gewicht von 1 Gramm. Deshalb besteht die große Gefahr, dass er beim Aufsetzen wieder ins All zurückspringt. Um das zu verhindern, werden an Seilen befestigte Harpunen im Moment des Bodenkontakts aus dem Roboter herausschnellen und ihn in der Eisoberfläche verankern. Das gesamte Landemanöver muss Philae selbstständig ausführen; er kann nicht von der Erde aus über Funk gesteuert werden, denn irdische Funksignale, obwohl sie mit Lichtgeschwindigkeit unterwegs sind, würden eine Stunde für den Hin- und Rückweg benötigen. Ein Bohrer wird Materialproben aus bis zu 20 Zentimeter Bodentiefe nehmen, die gleich vor Ort analysiert werden können. Ausgesandte Radiowellen werden den inneren Aufbau des Kometen erkunden, während ein Sensor die Beschaffenheit der Oberfläche untersuchen wird. Über ein Jahr lang, bis Ende 2015, soll dann beobachtet werden, wie der Komet während seiner Annäherung an die Sonne aus seiner Eisstarre erwacht.

## Tiefer Einschlag auf Tempel 1

Dabei wird Rosetta nicht einmal die erste Sonde sein, die einem Kometen einen Besuch abstattet; es wird nur der erste mit sanfter Landung sein. Im Januar 2005 schickte die NASA eine Sonde zum Kometen Tempel 1. Der Name der Sonde – Deep Impact (Tiefer Einschlag) – verrät auch gleich die Art ihrer Mission: Sie soll auf dem Kometen mit voller Wucht einschlagen. Bereits im Juli 2005 erreichte die Sonde ihr 130 Millionen Kilometer entferntes Ziel. Da ja keine sanfte Landung geplant war, musste hier kein umständlicher Pirouettenlauf wie bei Rosetta gewählt werden; es reichte der direkte »Crashkurs«. Am 4. Juli 2005 krachte allerdings nicht die Sonde selbst mit Tempel 1 zusammen, sondern nur ein kühlschrankgroßes, vorwiegend aus Kupfer bestehendes Geschoss, das von ihr aus 500 Kilometer Entfernung abgefeuert wurde. Mit einer Geschwindigkeit von fast 40 000 Kilometern pro Stunde prallte es auf den Eiskörper und schlug einen Krater von der Größe eines Fußballfelds und der Tiefe eines zehnstöckigen Hauses in seine Oberfläche. Dabei wurde reichlich Material ins All geschleudert, das von speziellen Instrumenten an Bord der knapp am Kometen vorbeirasenden Muttersonde untersucht werden konnte.

Von der Erde aus nahmen 73 Teleskope die Staubwolke ins Visier, dazu noch mehrere Forschungssatelliten im Weltraum. Bereits zwei Monate nach der Kollision konnte ein internationales Forscherteam die ersten Ergebnisse präsentieren. Die Wissenschaftler lieferten ein widersprüchliches Bild des Kometen, das jede Menge neuer Fragen aufwarf, aber auch einige theoretische Erwartungen bestätigte. Als Erstes muss wohl die vertraute Vorstellung von Kometen als »schmutzigen Eisbällen« aufgegeben werden. Gefrorenes Wasser, so scheint es, spielt als Bestandteil von Kometenkernen nur eine untergeordnete Rolle. Das meiste Kometenmaterial besteht aus verklumptem Staub und Gestein. Demnach wäre ein Komet weniger ein »dreckiger Eisball« als ein »eisiger Dreckball«. Mit zunehmender Tiefe wird das Kometenmaterial erwartungsgemäß dichter, während an der Oberfläche – bis in eine Tiefe von etwa 10 Metern – das Material sehr lose und fein ist. Das Projektil von Deep Impact konnte diese Schicht spielend durchdringen. In der aufgewirbelten Staubwolke befanden sich auch große Mengen organischer Moleküle, etwa solche von einfachem Alkohol (Methanol) und von Blausäure. Das war allerdings keine Überraschung, sondern so erwartet worden. Schon lange gelten Kometen als mögliche Transporteure von organischen Lebensbausteinen. Solche sind vor Milliarden von Jahren wahrscheinlich auch auf die Erde verfrachtet worden, als diese in ihrer Frühzeit mit zahllosen Kometen zusammengestoßen ist. Denn damals herrschte noch ein reger »Kometenbetrieb« im jungen Sonnensystem; die Erde lag gleichsam unter einem Kometen-Dauerbeschuss.

Bedeutsam für die Kometenforschung war auch der 15. Januar 2006. An diesem Tag schwebte die Raumsonde Stardust an einem Fallschirm auf den Wüstenboden im US-Staat Utah. Da hatte sie während ihrer siebenjährigen Reise fast 5 Milliarden Kilometer im Weltraum zurückgelegt, um Staubteilchen aus dem Schweif des Kometen Wild 2 einzusammeln und zur Erde zu bringen. Damit stand der Weltraumforschung erstmals seit den Apollo-Mondmissionen (1968 bis 1972) wieder Material von einem anderen Himmelskörper zur Verfügung. Die Ausbeute scheint dem Laien bedeutungslos: nur einige Millionstel Gramm Materie, die sich aus etwa tausend Partikeln mit Größen zwischen 5 und 300 Mikrometer (tausendstel Millimeter) zusammensetzen. Aber das reicht für die Analyse in einigen ausgewählten Speziallabors der Welt. Die Forscher waren sofort erstaunt von der Vielschichtigkeit des winzigen Materials, das sich zumeist aus mehreren Mineralarten zusammensetzt. Die häufigsten vorgefundenen Minerale sind sogenannte kristalline Enstatite und spezielle kalzium- und aluminiumreiche Minerale. Diese entstehen nur bei Temperaturen über 1400 Grad Celsius. Solche Bedingungen herrschen im Universum aber nur in großer Nähe zu einem Stern. Kometen sind jedoch nach der gängigen Theorie in den äußeren, eisig kalten Regionen des Sonnensystems entstanden. Als Erklärung bietet sich vorerst nur Folgendes an: In der ausgedehnten Staubscheibe, von der die junge Sonne umgeben war, bildeten sich die winzigen Partikel in unmittelbarer Nähe zum Zentralgestirn, sind dann aber in die äußeren Bereiche gewandert und haben sich erst dort zu einem Kometen zusammengefügt. Wie dieser Transport über Milliarden von Kilometern zustande kam, bleibt freilich rätselhaft. Als Ursache kämen vielleicht gewaltige Gasausbrüche der jungen Sonne in Frage, die die Staubteilchen ins äußere Sonnensystem verstreut haben könnten. Womöglich sind die gefundenen Hochtemperatur-Minerale aber auch in fremden Sternen entstanden. So oder so – Kometen bergen weiterhin jede Menge Rätsel. Sie haben, so scheint es, eine äußerst komplexe und komplizierte Entstehungsgeschichte. Aber das gilt letztlich für alle Objekte des Kosmos.

# Asteroiden – sehr klein, aber nicht uninteressant

Den Begriffen »Asteroid« und »Planetoid« werden kleine, unregelmäßig geformte, planetenähnliche Himmelskörper zugeordnet, die sich relativ dicht gedrängt zwischen Mars und Jupiter um die Sonne bewegen. Die zahllosen kleinen Objekte in diesem Asteroidengürtel hätten sich wahrscheinlich auch zu einem Planeten zusammengelagert, wenn Jupiters störende Schwerkraft sie nicht daran gehindert hätte. Die Gesamtzahl der Asteroiden im Hauptgürtel mit einem Durchmesser von mehr als einem Kilometer wird auf ca. 1 Million geschätzt. Zurzeit sind etwa 150 000 von ihnen katalogisiert, doch jährlich kommen etwa 700 neue hinzu. Ihre Gesamtmasse wird mit etwa 5 Prozent der Mondmasse angegeben. Die vier größten und hellsten Asteroiden sind Ceres (960 Kilometer Durchmesser), Pallas (608 Kilometer), Vesta (520 Kilometer) und Juno (288 Kilometer). Die kleinsten bislang beobachteten Asteroiden haben Durchmesser von einigen hundert Metern, aber es gibt mit Sicherheit noch wesentlich kleinere.

Im Gegensatz zu den großen Planeten umrunden die Asteroiden die Sonne zum Teil auf stark elliptischen Bahnen. Das führt dazu, dass sich viele Asteroiden bei ihrer größten Sonnennähe innerhalb der Venusbahn, einige sogar innerhalb der Merkurbahn befinden. Sie kreuzen also die Erdbahn. Auch daran ist Jupiters Schwerkraftwirkung schuld; sie zwingt immer wieder Asteroiden aus dem Hauptgürtel auf weiter innen liegende Bereiche des Sonnensystems und damit auch in die Nähe der Erdbahn. In aufwendigen Computersimulationen wurde in jüngster Zeit nachgewiesen, dass auch jener Asteroid, der vor ca. 65 Millionen Jahren auf die Erde stürzte und vermutlich das Aussterben der Saurier bewirkte, ein aus dem Hauptgürtel herausgeschleuderter Brocken war. Wahrscheinlich handelte es sich dabei um das Bruchstück aus einem Zusammenstoß zweier Asteroiden des Hauptgürtels zwischen Mars und Jupiter; dieser müsste vor etwa 160 Millionen Jahren passiert sein. Der heute noch existierende, rund 40 Kilometer große Asteroid Baptistina könnte vor dem Crash noch 170 Kilometer im Durchmesser gehabt haben. Der unbekannte Asteroid, mit dem er zusammengestoßen ist, muss etwa 60 Kilometer groß gewesen sein. Aus der Kollision gingen rund 100 000 Bruchstücke mit mehr als 1 Kilometer und 300 Bruchstücke mit mehr als 10 Kilometer Durchmesser hervor. Der größte Teil von ihnen bildet heute die sogenannte Baptistina-Familie. Einige der Brocken aber gelangten, wie gesagt, ins Innere des Sonnensystems, wo sie mit der Erde zusammenstoßen konnten. Nach den Computerberechnungen sollten etwa 2 Prozent der Bruchstücke im Laufe der 160 Millionen Jahre nach innen gewandert sein. Dadurch erhöhte sich die Einschlagrate auf der Erde, dem Mond und den anderen inneren Planeten und erreichte vor etwa 40 Millionen Jahren ihren Höhepunkt. Einer davon war höchstwahrscheinlich jener etwa 10 Kilometer große Asteroid, der im heutigen Yucatan (Mexiko) niederging und nach Meinung vieler Forscher zum Aussterben der Dinosaurier geführt hat.

## Tunguska – Asteroideneinschlag in der sibirischen Steppe

Auch heutzutage kommen Asteroiden der Erde gefährlich nahe. So zum Beispiel der ca. 1 Kilometer große Asteroid Hermes im Jahre 1937; er raste in weniger als der doppelten Mondentfernung (600 000 Kilometer) an der Erde vorbei. Insgesamt dürfte es etwa 1000 die Erdbahn kreuzende Kleinplaneten geben, sogenannte Neas (für Nearearth asteroids), mit mehr als einem Kilometer im Durchmesser. In der Größenordnung von einigen hundert Metern schätzt man ihre Zahl auf mehrere zehntausend. Asteroiden mit Durchmessern unter 50 Metern werden von der Erdatmosphäre weitgehend unschädlich gemacht; sie verglühen fast vollständig beim Durchqueren der Lufthülle. Man nennt sie Meteoriten.

Asteroiden bilden also durchaus eine Gefahr für die Erde, dieser einmaligen Lebensinsel im lebensfeindlichen Kosmos. Tatsächlich haben in den vergangenen zehn Jahren Asteroiden-Beobachter mehrmals Alarm geschlagen. Doch stets folgte irgendwann die Entwarnung. So etwas hat, wie man weiß, einen negativen Effekt: Auf einen, der zu oft warnt, hört man irgendwann nicht mehr. Doch große Einschläge hat es immer wieder gegeben und wird es auch in Zukunft geben. Der letzte Asteroideneinschlag geschah am 30. Juni 1908 am Fluss Tunguska in Sibirien; der Brocken war zwar »nur« 50 bis 100 Meter groß, verwüstete aber 2000 Quadratkilometer der sibirischen Taiga. Mehrere Millionen Bäume verbrannten, wurden umgeknickt oder entwurzelt. Noch in 65 Kilometer Entfernung zersplitterten in einem Dorf die Fensterscheiben. Erst vor kurzem durchgeführte Computersimulationen zu diesem Ereignis lassen allerdings den Schluss zu, dass der Himmelskörper wesentlich kleiner war als bisher angenommen. Er soll nur ein Viertel der bisher angenommenen Masse gehabt haben. Asteroiden dringen mit einer durchschnittlichen Geschwindigkeit von 20 Kilometern pro Sekunde in die Erdatmosphäre ein. Durch die dabei auftretende Reibung erhitzen sie sich sehr rasch von außen nach innen. Im Material entstehen dadurch gewaltige Spannungen, die den Körper in mehreren Kilometern Höhe explosionsartig zerreißen können. In den Computersimulationen zeigte sich, dass bei dieser Detonation ein Strahl extrem heißer Luft weiter auf die Erde zurast. Beim Auftreffen auf der Erdoberfläche löst er eine mächtige Druck- und Hitzewelle aus, die zu den bekannten Verwüstungen führt. Bisher war man davon ausgegangen, dass Asteroideneinschläge mit Atombombenexplosionen zu vergleichen sind. Man glaubte, die Zerstörungskraft rühre allein vom Aufprall des Körpers auf der Erdoberfläche. Das gilt aber nur für große Asteroiden, die nicht in der Atmosphäre explodieren. Die Tunguska-Katastrophe zeigt, dass schon relativ kleine Asteroiden durch ihren gebündelten Feuerstrom gefährliche Wirkungen haben können. Da diese kosmischen Bomben umso häufiger vorkommen je kleiner sie sind, erhöht sich damit das Risiko eines Einschlags wie der von 1908 in Sibirien. Demnach muss man nicht nur alle 1000 Jahre mit einem Tunguska-Ereignis rechnen, wie bisher angenommen, sondern etwa alle 300 Jahre. Die Zerstörungskraft eines Asteroiden hängt aber nicht allein von seiner Größe ab, sondern auch von seinem inneren Aufbau. Sehr poröse Körper brechen bereits in sehr großer Höhe auseinander und entwickeln nur eine geringe Zerstörungskraft. Dann gibt es die seltenen Eisen-Meteoriten, die nicht so leicht explodieren; sie schlagen als ganze Körper auf dem Erdboden ein, was ebenfalls nur eine begrenzte Wirkung hat. Unter den kleineren Asteroiden (bis etwa 100 Meter Durchmesser) sind also jene am gefährlichsten, die weit in die Atmosphäre eindringen und erst in wenigen Kilometern Höhe detonieren wie der von 1908.

Am 8. März 2002 raste ein ähnlich großer Asteroid in etwa 450 000 Kilometer Entfernung an der Erde vorbei. Noch näher kam im Juni des gleichen Jahres ein ebenso großer Brocken: nur 120 000 Kilometer. Dieses kosmische Geschoss war damit der Erde wesentlich näher als der Mond. Für astronomische Verhältnisse ist das ein extrem nahes Rendezvous, fast schon so etwas wie ein Streifschuss. Der bisherige »Streifschuss-Rekord« lag bei 100 000 Kilometer Abstand; das war im Dezember 1994.

Irgendwann wird sich wieder ein großer Knall auf der Erde ereignen, darin sind sich die Forscher einig. Die Frage ist nur: wann? Um darauf eine Antwort zu finden, hat man in den vergangenen Jahren mit mehreren Teleskopen begonnen, den Himmel systematisch nach Asteroiden abzusuchen. Mehr als die Hälfte aller heute bekannten größeren Asteroiden wurde mit zwei 1-Meter-Teleskopen und einem automatisierten Suchprogramm im US-Staat New Mexico entdeckt.

Rein statistisch sollte mit einer zehnprozentigen Wahrscheinlichkeit alle 200 bis 300 Jahre ein mindestens 100 Meter großer Asteroid auf die Erde stürzen. Um einer solchen Katastrophe nicht unvorbereitet gegenüberzustehen, soll ab dem Jahr 2009 ein Spezialteleskop an Bord einer Raumsonde den erdnahen Weltraum nach großen Gesteinsbrocken absuchen, die sich auf Kollisionskurs mit der Erde befinden. Auf der Erde läuft gerade das Suchprogramm Pan-Starss an. Dieses durch extrem leistungsstarke Computer unterstützte US-amerikanische Beobachtungsprojekt basiert auf einem Teleskop mit besonders weitem Gesichtsfeld und vier 1,4-Gigapixel-Digitalkameras. Errichtet wurde es bereits 2006 auf der hawaiianischen Insel Maui.

## Auf Kollisionskurs mit der Erde: der Asteroid Apophis

Prognosen über mögliche Zusammenstöße mit Asteroiden sind grundsätzlich schwierig, weil die Bahnen dieser kleinen Himmelskörper nicht vollkommen stabil sind. Bei nahen Vorbeiflügen an Planeten wird ihre Umlaufbahn jedes Mal verändert. Es kann also durchaus sein, dass ein Asteroid, der knapp an der Erde vorbeisaust, dabei derart abgelenkt wird, dass er bei seiner nächsten Annäherung die Erde tatsächlich trifft.

Der Hauptkandidat für solch einen Fall ist derzeit ein etwa 250 Meter dicker Asteroid mit Namen Apophis (der altägyptische Gott der Finsternis und Zerstörung); er wurde im Juni 2004 zum ersten Mal gesichtet. Im Verlauf der folgenden Monate konnte seine Flugbahn sehr genau berechnet werden. Demnach würde der Asteroid mit einer Wahrscheinlichkeit von 3 Prozent am Freitag, dem 13. (!) April 2029 mit der Erde zusammenstoßen; das entspricht in etwa der Chance, beim Roulette auf die richtige Zahl zu setzen. Aber wie das so ist bei solchen Meldungen, die ohne eingehende Prüfung in die Welt geschickt und von den Medien aufgebauscht werden: Nach weiteren Bahnmessungen wurde die Trefferwahrscheinlichkeit drastisch gesenkt. Der Brocken wird nach dem aktuellen Kenntnisstand zum genannten Datum in einem Abstand von 30 000 Kilometern die Erde passieren. Das ist schon sehr nahe, wenn man bedenkt, dass es TV-Satelliten gibt, die die Erde in größerer

Entfernung umrunden. Im schlimmsten Fall wird der Brocken bei diesem Vorbeiflug durch ein sogenanntes Schlüsselloch im Schwerkraftfeld der Erde schlüpfen und dabei auf eine Bahn geraten, die ihn bei seiner Wiederkehr im Jahre 2036 tatsächlich auf Crashkurs mit der Erde bringen könnte. Allerdings ist dieses »Schlüsselloch« nur etwa 600 Meter breit. Entsprechend gering ist die Wahrscheinlichkeit für eine Kollision im Jahre 2036; sie liegt bei weniger als 0,02 Prozent. Vielleicht aber zerrt beim nahen Vorbeiflug die Schwerkraft der Erde so stark an ihm, dass der locker zusammengepresste Gesteinsklumpen zerrissen wird. Viele Asteroiden rotieren ohnehin schon knapp unter der Zerreißgrenze um sich selber.

Wie auch immer – an diesem Fall wird die ganze Problematik der Asteroidenbedrohung deutlich: Sie ist vorhanden, aber keiner weiß genau, wie groß sie ist. Und erst recht weiß derzeit niemand, wie die Bedrohung verringert werden könnte. Es gibt hierzu einige Ideen, mehr aber auch nicht. Da wäre zuerst die brutale Methode: Mit ferngezündeten Atomsprengsätzen die potentiell gefährlichen Asteroiden pulverisieren. Eine elegantere Abwehrmethode bestünde darin, gefährliche Asteroiden aus ihren Flugbahnen zu lenken, indem man ihnen einen künstlichen Begleiter schickt, dessen Schwerkraft den Brocken langsam zur Seite zieht wie ein Schleppkahn einen Tanker, nur ohne Schiffstaue. Im Fall von Apophis würde für solch eine Aktion schon ein Raumschiff mit der Masse von einer Tonne genügen. Unmittelbar neben dem Asteroiden würde es zwar nur die Zugkraft ausüben, die auf der Erde dem Gewicht eines Apfels entspräche, aber während eines Jahres könnte das genügen, um den Asteroiden aus seiner gefährlichen Bahn zu lenken.

In der Europäischen Weltraumorganisation (ESA) wird eine andere Methode bevorzugt, die auch schon einen Namen hat: Mission Don Quijote. Dabei soll ein 400 Kilogramm schweres Projektil auf gefährliche Asteroiden abgefeuert werden. Der Rückstoß der durch den Einschlag herausgeschleuderten Trümmer würde ihre Bahn verändern. Ob das funktioniert, ist allerdings auch nicht sicher, aber das sollte mit einer ersten Mission ja gerade herausgefunden werden. Man müsste es einfach mal ausprobieren. Unsicher ist vorerst noch die Finanzierung einer solchen Mission, die immerhin 300 bis 400 Millionen Euro verschlingen würde. »Don Quijote« bestünde aus zwei Sonden: Hidalgo würde auf den noch auszuwählenden Asteroiden stürzen, während Sancho aus sicherer Distanz das Spektakel beobachten und die Wirkung des Einschlags überprüfen würde.

Eine andere Frage ist natürlich, wer überhaupt entscheiden soll, ob ein möglicherweise gefährlicher Asteroid bekämpft werden soll, ehe er auf die Erde stürzt. Bei welcher Trefferwahrscheinlichkeit wird die Menschheit reagieren und ab welcher Asteroidengröße? Im Grunde ist das eine Frage, die die Vereinten Nationen (UN) zu beantworten hätten. Aber die sind mit anderen, dringlicheren Problemen beschäftigt. Zudem sind, wie wir bereits wissen, Asteroiden-Vorhersagen sehr unsicher, was die Lust zum Handeln nicht gerade erhöht. Beispielsweise soll ein besonders großer Asteroid im Jahre 2102 der Erde gefährlich nahe kommen. Bis zum Jahre 2025 ließe er sich mit einem Schlepper-Raumschiff aus seiner Bahn lenken. Die jetzige Menschheit müsste sich also für eine teure Aktion entscheiden, die erst unseren Enkeln und Urenkeln von Nutzen sein würde. Was in 100 Jahren sein könnte, lässt die Menschen von heute erfahrungsgemäß ziemlich kalt. Immerhin soll im Jahre 2009 der Vollversammlung der Vereinten Nationen ein Vorschlag zur Bekämpfung gefährlicher Asteroiden vorgelegt werden – ein Zeichen, dass dieses Menschheitsproblem auf der politischen Ebene endlich als solches wahrgenommen wird.

## Besuche auf Asteroiden

Tatsächlich hat die Menschheit schon bewiesen, dass sie in der Lage ist, eine Sonde zu einem dieser kleinen Himmelskörper zu schicken. Am 12. Februar 2001 landete die Sonde NEAR-Shoemaker nach fünfjähriger Reise auf dem 300 Millionen Kilometer entfernten Asteroiden Eros. Davor war sie noch an dem Asteroiden Mathilde vorbei geflogen und machte einige Schnappschüsse von ihm. Eros ist 33 mal 13 mal 13 Kilometer groß und dreht sich in 5,3 Stunden einmal um sich selbst. Mehrere Stunden vor der Landung zündete ein Triebwerk und ließ die kleinwagengroße Sonde aus ihrer 35 Kilometer hohen Umlaufbahn sanft, das heißt mit der Geschwindigkeit eines Fallschirmspringers, auf den Asteroiden niedergehen. Dabei machte sie im 30-Sekundentakt Fotos von der immer näher kommenden Oberfläche – das letzte aus einer Höhe von 200 Metern. Die Fotos zeigen, dass Eros mit unzähligen Gesteinsbrocken übersät ist, die von Meteoriten herausgeschlagen wurden. Eigentlich hatten die Forscher erwartet, dass alles von Meteoriten herausgeschlagenes Gestein ins All davongeflogen sei, ohne auf den Asteroiden mit seiner schwachen Anziehungskraft zurückzufallen. Die Schwerkraft von Eros ist so schwach, dass ein Mensch sie problemlos mit einem kräftigen Sprung überwinden könnte.

Rätselhaft erscheint auch die Tatsache, dass Eros zwar mit großen Einschlagkratern übersät ist, aber keine kleinen zeigt. Das könnte bedeuten, dass nach Meteoriteneinschlägen nicht nur größeres Gestein auf den Asteroiden zurücksank, sondern auch jede Menge aufgewirbelter Staub, der ursprünglich vorhandene kleinere Krater mit der Zeit zudeckte. Wie das bei der geringen Schwerkraft möglich sein soll, ist allerdings die Frage. Grundsätzlich machte Eros einen sehr kompakten Eindruck – wie alle anderen großen Asteroiden auch. Was ihn aber gegenüber anderen Asteroiden hervorhebt: Eros enthält mehr Gold, als auf der Erde jemals gefördert wurde. Es würde sich also durchaus lohnen, ihn zur Erde zu verfrachten – mit der Folge allerdings, dass der Goldpreis ins Bodenlose stürzt.

Inzwischen sind auch kleinere Asteroiden genauer untersucht worden, etwa der nur 500 Meter große Itokawa; auf ihm ging im Jahre 2006 eine japanische Sonde nieder. Bei Itokawa handelt es sich allerdings nur um einen losen Geröllhaufen. Dieser wird allein durch die geringe Schwerkraft des Winzlings zusammengehalten. Zur Bildung eines dichten Felsbrockens reichte in diesem Fall die Schwerkraft nicht aus.

Grundsätzlich muss man sagen, dass wir über die Festigkeit von Asteroiden noch immer sehr wenig wissen. Das hat auch damit zu tun, dass diese kleineren Himmelskörper jahrzehntelang von den Astronomen vernachlässigt wurden. Erst seit etwa einem Jahrzehnt hat sich das geändert. Sollte die Menschheit irgendwann vor der Entscheidung stehen, einen gefährlichen Asteroiden aus seiner Bahn zu lenken, wird es von großem Nutzen sein, über seine Struktur genau Bescheid zu wissen. Denn ein loser Schutthaufen wird auf eine äußere Einwirkung, etwa einen Raketenbeschuss, anders reagieren als ein starrer Felsbrocken. Die Asteroidenforschung könnte damit buchstäblich zu einer Überlebensfrage für die Menschheit werden.

# Achtes Kapitel

# DAS NEUESTE
# VON DER SONNE

Die Sonne ist der Zentralkörper unseres Sonnensystems, die Zentralheizung, so könnte man sagen. Durch ihre große Masse und die entsprechend starke Anziehungskraft hält sie die Planeten und Planetoiden auf ihren mehr oder weniger starken elliptischen Umlaufbahnen. Die Sonne ist ein Stern durchschnittlicher Größe. In unserer Galaxis gibt es Milliarden ihrer Art; sie ist also gar nichts Besonderes. Besonders ist sie nur durch ihren Planeten Erde, weil dieser Leben beherbergt. Ohne die Energie, die die Sonne unablässig liefert, wäre dieses Leben nicht möglich. In einem eisig kalten Universum wird die Sonne zum unabdingbaren Lebensspender.

Im Durchschnitt ist die Sonne 150 Millionen Kilometer von der Erde entfernt. Sie erscheint unserem Auge als kreisrunde, scharf begrenzte Scheibe, die sich bei Tage über den Himmel bewegt. Diese Bewegung ist freilich nur eine scheinbare; sie wird durch die Drehung der Erde um sich selbst verursacht.

Wie alle Sterne, so ist auch die Sonne eine riesige Gaskugel, die durch die Schwerkraftwirkung der Materie zusammengehalten wird, wobei die Dichte des Gases von außen zum Zentrum zunimmt. Der Gasball besteht aus 75 Prozent Wasserstoff, 23 Prozent Helium und 2 Prozent schweren Elementen. Im Zentrum herrscht eine Temperatur von rund 15 Milliarden Kelvin. Druck und Materiedichte sind dort so hoch, dass verschiedene Kernreaktionen von selbst ablaufen können. Unter diesen ist die Verschmelzung von Wasserstoffkernen zu Heliumkernen die entscheidende. Man spricht von Kernfusion. Dabei entsteht die gewaltige und schier unerschöpfliche Energie dieses feurigen Gasballs. Aus dem tiefen Innern der Sonne, wo die Kernfusion stattfindet, wandert die Energie langsam nach außen, bis sie die sichtbare Oberfläche erreicht hat und von dort in den Weltraum abgestrahlt wird. Das Licht, das wir von der Sonne empfangen, dieses ganz besondere Gemisch aus elektromagnetischer Strahlung, stammt aus der nur wenige hundert Kilometer dicken äußeren Schicht, der sogenannten Photosphäre. Über der Photosphäre liegt die sogenannte Chromosphäre, die während einer totalen Sonnenfinsternis kurzzeitig als hellroter Flammenrand sichtbar wird. Die von der Sonne abgestrahlte Energie reicht von der energiereichen kurzwelligen Röntgenstrahlung über die UV-Strahlung, das sichtbare Licht und die Infrarot-Strahlung bis zur energiearmen langwelligen Radiostrahlung. Ein Teil der abgestrahlten Gesamtenergie wird als Bewegungsenergie von elektrisch geladenen Materieteilchen abgegeben. Man bezeichnet diese Teilchenstrahlung der Sonne als Sonnenwind. Er besteht überwiegend aus positiv geladenen Protonen (80 Prozent), also Wasserstoffkernen, und zweifach positiv geladenen Heliumkernen (18 Prozent); der Rest sind negativ geladene Elektronen. Diese atomaren Teilchen bewegen sich mit etwa 470 Kilometer pro Sekunde durch den Weltraum, können aber zum Glück die Erdoberfläche nicht erreichen, da sie vom Magnetfeld der Erde abgeschirmt werden. Bei heftigen Energieausbrüchen auf der Sonnenoberfläche (Sonnenstürme) erreichen manche Teilchenschwaden Geschwindigkeiten von 1700 Kilometern pro Sekunde.

## Womit die Sonne heizt

Bei der Kernfusion im Innern der Sonne wird ein Bruchteil der verschmelzenden Wasserstoffkerne in Strahlung umgewandelt. Grob vereinfacht kann man sagen, dass jeweils vier Wasserstoffkerne (Protonen) zu einem Heliumkern zusammengepackt werden, wobei etwas Atomgewicht verloren geht – und als Strahlung an die Sonnenoberfläche und von dort in den Weltraum entweicht. Das heißt aber, dass die Energieabstrahlung mit einem Masseverlust der Sonne einhergeht; dieser beträgt rund 4 Millionen Tonnen pro Sekunde, wobei 597 Millionen Tonnen Wasserstoff zu 593 Tonnen Helium verschmelzen. Seit ihrer Geburt vor ca. 4,6 Milliarden Jahren hat die Sonne etwa die Hälfte ihres Wasserstoffvorrats in Helium umgewandelt und dabei drei Tausendstel ihrer ursprünglichen Masse eingebüßt, das heißt als Strahlung abgegeben. Strahlung ist also im Prinzip nichts anderes als Masse. Mit dem noch vorhandenen Wasserstoff wird die Sonne weitere 4 bis 5 Milliarden Jahre heizen können.

Während im Zentrum der Sonne, wo die Kernreaktionen stattfinden, eine Temperatur von 15 Milliarden Kelvin herrscht, sind es an der Sonnenoberfläche (Photosphäre) nur noch knapp 6000 Kelvin. Allerdings steigt die Temperatur in der Chromosphäre, diesem Strahlenkranz um die Sonne, auch Korona genannt, wieder auf rund 1 Million Kelvin an. Dabei wird massiv UV- und Röntgenstrahlung ausgesandt. Die Korona ist gleichsam eine ausgedehnte, sehr dünne Atmosphäre der Sonne. Man sieht diese, wie gesagt, nur bei einer totalen Sonnenfinsternis, und zwar von dem Moment an, da die Sonnenscheibe vollständig von der Mondscheibe bedeckt ist; gegen den hellen Taghimmel bleibt sie unsichtbar. Aus der Korona stammt auch der bereits erwähnte Sonnenwind.

Wie es zur Aufheizung der Sonnenkorona kommt, ist immer noch unklar – eines der hartnäckigsten kleinen Rätsel der Astronomie. Es ist, als würde es immer heißer, je weiter man sich von der Oberfläche des Sonnenofens entfernt. Bei diesem rätselhaften Phänomen könnten die Magnetfelder der Sonne eine Schlüsselrolle spielen. Denn überall dort, wo diese am stärksten sind, ist auch die Korona am heißesten. Die Frage dabei ist: Wie wird die Energie der Magnetfelder in Wärmeenergie umgewandelt? Möglich wären zum Beispiel Kurzschlüsse zwischen entgegengesetzt ausgerichteten Magnetfeldlinien – der gleiche Prozess, der auch die heftigen Ausbrüche auf der Sonnenoberfläche verursacht. Aber das sind alles nur Spekulationen. Sie könnten aber schon bald zu Gewissheiten werden, wenn eine neue Generation von Raumsonden bessere Messdaten von der Sonne liefern wird.

## Das Geheimnis der Sonnenflecken

Charakteristisch für die Sonnenoberfläche sind die dunkel erscheinenden Sonnenflecken, die manchmal schon mit bloßem Auge – aber nur mit Schutzbrille! – als dunkle Punkte auf der Sonnenscheibe zu erkennen sind. Die Flecken haben mehrere zehntausend Kilometer im Durchmesser und treten meistens in Gruppen auf. Ihre Lebensdauer liegt zwischen wenigen und etwa 100 Tagen. Die Temperatur in einem Sonnenfleck liegt bei etwa 4000 Kelvin, ist also bedeutend niedriger als an der normal hellen Oberfläche, weshalb er sich ihr gegenüber dunkel abhebt. Die Sonnenflecken reichen bis in eine Tiefe von 5000 Kilometern, was angesichts eines Sonnendurchmessers von 1,4 Millionen Kilometern verschwindend wenig ist. Die Flecken werden durch starke Magnetfeld-Pole verursacht und erscheinen gehäuft in Phasen verstärkter Sonnenaktivität. Diese kehren im regelmäßigen Rhythmus von 11 Jahren wieder. Gerade zu diesen lange Zeit rätselhaften Erscheinungen auf der Sonne hat die Forschung des vergangenen Jahrzehnts wichtige neue Erkenntnisse geliefert. Wieso Sonnenflecken in zyklischen Abständen wiederkehren, bleibt allerdings weiterhin rätselhaft. Neueste Forschungen deuten darauf hin, dass Prozesse im Innern der Sonne die Auslöser für die starken Sonnenaktivitäten sind: Im Zeitraum von bis zu 22 Jahren wandert ein Strom von elektrisch geladenem Gas (Plasma) vom Sonnenäquator zu den Polen und zurück. Dabei reißt er die Linien des Sonnen-Magnetfelds mit sich. Mit der Zeit werden diese magnetischen Feldlinien durch die langsame Eigendrehung der Sonne immer stärker verdreht, bis sie schließlich wie überspannte Gummibänder reißen. Dabei werden gewaltige Mengen an Energie und Materie eruptionsartig freigesetzt. Am häufigsten ereignen sich solche Ausbrüche in der Nähe konzentrierter magnetischer Felder, der soeben schon erwähnten Sonnenflecken. Seit 2008 nehmen die Sonnenaktivitäten wieder zu, nachdem sie 2007 ihr Minimum hatten. Im Jahre 2012 werden sie dann ihren nächsten Höhepunkt erreichen. Während eines solchen Maximums können auf der Erde sogar Stromnetze zusammenbrechen. Um solche starken Sonneneruptionen besser vorhersagen zu können, wurden Zwillingssatelliten der so genannten Stereo-Mission gestartet. Sie umkreisen die Sonne wie ein Augenpaar und liefern dreidimensionale Aufnahmen, auf denen typische Vorzeichen für Sonnenausbrüche zu erkennen sind. In der Umgebung der Flecken stößt die Sonne aufgrund eines Zusammenbruchs des dortigen Magnetfelds innerhalb kürzester Zeit gewaltige Mengen an Energie und Materie aus. Man könnte meinen, die Sonne koche über. Innerhalb weniger Minuten wird eine Energiemenge freigesetzt, die der Explosion von mehreren Milliarden Atombomben entspricht. Die dabei in den Weltraum geschleuderten und davonrasenden Materieteilchen prallen mit extrem hoher Energie auf die äußere Erdatmosphäre und das die Erde umgebende Magnetfeld, das davon buchstäblich eingedellt wird.

## Es gibt viele Sterne, die unserer Sonne gleichen

Beobachtungen an anderen sonnenähnlichen Sternen haben gezeigt, dass unsere Sonne für ihren Typ normale Eigenschaften zeigt. So wurde im Jahre 2003 im Sternbild Skorpion ein Stern mit Namen 18 Scorpii entdeckt, der ein Zwilling unserer Sonne sein könnte. Auch seine Aktivität schwankt im Rhythmus von 9 bis 13 Jahren. Der Vergleich mit weiteren sonnenähnlichen Sternen hat gezeigt, dass diese Himmelskörper in ihrer Jugend wesentlich aktiver sind als im Alter – wie beim Menschen, so könnte man sagen. Ziel dieses Forschungszweigs ist es, möglichst viele sonnenähnliche Sterne unterschiedlichen Alters zu entdecken, um daraus eine Art Sonnenbiografie zu erstellen. Die unterschiedlich alten sonnenähnlichen Sterne würden Vergangenheit, Gegenwart und Zukunft unseres eigenen Zentralgestirns repräsentieren. Die bisherigen Ergebnisse zeigen, dass die »Geschwister« unserer Sonne im Alter langsamer rotieren. Die Sonne benötigt für eine Eigenumdrehung 26 Tage, 18 Scorpii hingegen nur 23 Tage. Die Verlangsamung der Eigenrotation hat zur Folge, dass auch die Gasmaterie im Innern des Sterns mehr und mehr zur Ruhe kommt, was wiederum das von ihr erzeugte Magnetfeld schwächt. Dieses ist aber der Motor für die Aktivitäten auf der Sternoberfläche.

Wie gesagt, Sterne werden mit zunehmendem Alter immer ruhiger. Unsere Sonne hat in ihrer Jugend bis zu fünfzigmal mehr energiereiche UV- und Röntgenstrahlung abgegeben als heute, und auf ihrer Oberfläche tobten Teilchenstürme der tausendfachen Stärke. Diese haben die Entwicklung der Atmosphäre auf der jungen Erde entscheidend beeinflusst.

Bemerkenswert ist ein eigenartiger Zufall, der – neben unzähligen anderen Zufällen in der Geschichte der Erde – erst eine Lebensentwicklung auf unserem Planeten möglich machte: Vor 4 Milliarden Jahren setzte in der jungen Lufthülle der Erde ein heftiger Dauerregen ein. Dieser wusch die reichlich vorhandenen Treibhausgase (Kohlendioxid, Methan und Ammoniak) aus der Atmosphäre aus. Dadurch drohte sie aber auf eine lebensfeindliche Temperatur von minus 40 Grad Celsius abzukühlen. Exakt in dieser kritischen Phase der frühen Erdgeschichte steigerte die Sonne plötzlich – und wie auf Bestellung – ihre Leuchtkraft um 30 Prozent und glich den Verlust der wärmenden Treibhausgase wieder aus. Für die näher an der Sonne befindliche Venus bedeutete das jedoch den Hitzetod. Verliefe die Umlaufbahn der Erde nur 1,5 Prozent näher an der Sonne, so hätte sie ein ähnliches Schicksal wie die Venus erlitten – und uns gäbe es nicht.

# Neuntes Kapitel

# DAS NEUESTE VOM MARS

Der Mars ist eine rostig-rote Stein- und Staubwüste. Seine Rotfärbung rührt vom Eisenoxid (Rost) im Gestein. Rost entsteht durch Feuchtigkeit auf Eisen – es muss also auf dem Mars in früheren Zeiten Wasser gegeben haben. Gewisse Oberflächenformationen auf unserem äußeren Nachbarplaneten weisen darauf hin, dass es auf ihm vor langer Zeit sogar große Mengen an fließendem Wasser gegeben haben muss. So findet man auf dem Mars Canyons, Erosionsrinnen und Schwemmflächen, also Landschaftsformen, wie sie auf der Erde nur durch fließendes Wasser hervorgerufen werden. So lautet eine der zentralen Fragen, die die Marsforscher seit Langem beschäftigt: Wo ist das Wasser hin, das einst auf dem Mars geflossen ist?

Die naheliegende Antwort: Es ist schon vor langer Zeit mitsamt der ursprünglichen Marsatmosphäre in den Weltraum entschwunden. Der Mars war auf Dauer nicht in der Lage, beides bei sich zu halten, da er nur etwa ein Zehntel der Erdmasse besitzt und entsprechend nur ein Drittel ihrer Schwerkraft.

Aber könnte es nicht sein, dass sich ein Teil des Marswassers noch immer auf dem Planeten befindet – verborgen als Eis unter der Marsoberfläche? Denn auf dem Mars ist es ja, im Vergleich zur Erde, eisig kalt.

Um endlich Klarheit in dieser Frage zu bekommen, schickte die NASA im Jahre 2001 die Sonde Odyssey zum Mars. Ihre gelieferten Daten bestätigten die Vermutung: Dicht unterhalb des Marsbodens lagern riesige Mengen gefrorenen Wassers, die vermutlich in beträchtliche Tiefen reichen. In der Nähe der Marspole besteht die ganze oberste Bodenschicht nahezu vollständig aus Eis. In Hanglagen sieht es so aus, als wären die Eismassen in der Art irdischer Gletscher zerflossen. Die polaren Eiskappen des Mars weisen in

Größe und Form darauf hin, dass auch sie hauptsächlich aus Wassereis bestehen und nicht aus Trockeneis, also gefrorenem Kohlendioxid, wie man bis dahin dachte. Trockeneis ist nicht so stabil wie Wassereis und könnte niemals die kuppelförmige Gestalt des Poleises annehmen, die zu beobachten ist.

Anfang 2003 entdeckte man auf Fotos vom Mars eigenartige Rinnen, die eindeutig unterhalb eines Eisfeldes verlaufen. Diese könnten mit den Klimazyklen des Mars zusammenhängen. Denn in Kälteperioden überziehen sich manche Hänge mit einer Schicht aus Eis und Staub. Wenn dann Sonnenlicht diese isolierende Schicht durchdringt, erwärmt sie sie so weit, dass an ihrer Unterseite das Wassereis schmilzt und als Rinnsal den Hang hinabfließt. In wärmeren Klimaphasen verdampft diese Schicht vollständig, sodass die Rinnen, die die Rinnsale gebildet haben, freigelegt werden. Neueste Messdaten weisen sogar darauf hin, dass unter dem Südpol des Mars ein regelrechtes Meer aus Eis liegt, dessen Volumen zwei Drittel des Grönlandeises entspricht. Es dehnt sich in einem Radius von bis zu 1000 Kilometern rund um den Mars-Südpol aus. Die mächtige Eisschicht würde beim Abschmelzen den gesamten Mars etwa elf Meter hoch mit Wasser bedecken.

Der Mars hat also reichlich Wasser, aber hauptsächlich unterirdisch und in festem Zustand. Das macht ihn insgesamt zu einem staubtrockenen Planeten. Und dies ist er mit Sicherheit schon seit sehr langer Zeit.

## Vom Wasser geformte Marslandschaften

Eine zentrale Frage der Marsforschung ist, ob der rote Planet sich schon immer so stark von der Erde unterschieden hat. Jedenfalls spricht einiges dafür, dass er sich erst im Lauf der Zeit zu einem lebensfeindlichen Ort gewandelt hat und sich in der Frühzeit gar nicht so sehr von der Erde unterschieden hat. Eine gigantische Tiefebene auf der Nordhalbkugel des Mars lässt darauf schließen, dass sie dereinst der Boden eines Meeres war. Auf dem Mars-Hochland auf der Südhalbkugel fallen verästelte Oberflächenstrukturen auf, die irdischen Flusssystemen ähneln; sie könnten durch Oberflächenwasser geformt worden sein, das aus Niederschlägen stammte. Das würde tatsächlich bedeuten, dass das Marsklima dem der Erde zeitweise ähnlich war. Freilich ist die Forschung hier noch immer im Stand der bloßen Vermutung. Und weil das so ist, werden Jahr für Jahr neue Raumsonden zum Mars geschickt, um hierüber endlich Klarheit zu gewinnen. So landeten zum Jahreswechsel 2003/04 gleich drei Sonden auf dem Mars: Spirit, Opportunity und Mars Express. Die beiden ersten schickte die NASA, die dritte die Europäische Weltraumagentur ESA. Deren Landesonde Beagle-2 ging leider im Weltraum verloren. Die übrigen erfolgreichen Missionen erbrachten zahllose neue Beweise für die Existenz von Wassereis auf dem Mars, was nebenbei für zukünftige bemannte Marsflüge von Bedeutung ist: Die Astronauten müssten außer für die Reise kein Wasser auf ihre Marsmission mitnehmen.

## Die Atmosphäre des Mars

Vertieft wurden in den vergangenen Jahren auch die Erkenntnisse zur Mars-Atmosphäre: Sie wird immer noch dünner. Dafür scheint vor allem der sogenannte Planetenwind auf dem Nachbarplaneten verantwortlich zu sein. Der von der Sonne verursachte Sonnenwind aus geladenen Materieteilchen, der auf der Erde vom Magnetfeld abgeschirmt wird, trifft den Mars, der kein Magnetfeld besitzt, ungeschützt; er bläst unentwegt einen Teil seiner ohnehin sehr dünnen Atmosphäre ins All fort. Doch der Planetenwind allein könnte während der vergangenen 3,5 Milliarden Jahre niemals fast die gesamte Uratmosphäre des Planeten vernichtet haben. Möglicherweise haben auch gewaltige Meteoriteneinschläge zum Verlust der Atmosphäre beigetragen. Auch im Boden könnten noch einstige atmosphärische Gase in unbekannten Reservoirs gespeichert sein.

In der dünnen Mars-Atmosphäre gibt es kein Ozon, jenen dreiatomigen Sauerstoff, der in der Erdatmosphäre die gefährliche UV-Strahlung schluckt. Der in der Marsluft vorhandene Wasserdampf verhindert die Bildung von Ozon. Zuviel UV-Licht verhindert wiederum die Bildung von Basismolekülen für Lebewesen. Die Mars-Atmosphäre besteht vor allem aus Kohlendioxid ($CO_2$), aber es sind auch große Mengen von Kohlenmonoxid (CO) festgestellt worden, das meiste davon stets auf jener Marshälfte, die sich gerade in der Sonne befindet. Dort zersetzt die intensive Sonneneinstrahlung das Kohlendioxid zu Kohlenmonoxid.

Während die europäische Marssonde Mars Express den Planeten nur umrundete – dabei aber sensationelle Fotos und Messdaten zur Erde funkte –, landeten die beiden Sonden der NASA als Roboterfahrzeuge auf der Marsoberfläche.

Spirit wurde in seinem flachen, von Staub überzogenen Landegebiet ein Ziel gesetzt, das der Roboter selbständig aufsuchte. Zu diesem Zweck teilte er das Gelände mit Hilfe einer Stereokamera in rote, gelbe und grüne Abschnitte ein. Die roten musste er umfahren, da er sie für sein Fortkommen als »gefährlich« einstufte.

Spirit gelang es auf diese Weise, einen neuen Streckenrekord aufzustellen: 21 Meter pro Tag. Doch im November 2007 manövrierte sich Spirit in eine schwierige Lage. Vor Beginn des Marswinters auf der Südhalbkugel sollte das sechsrädrige Gefährt einen geeigneten Platz zum Überwintern aufsuchen. Auf der Nordseite eines Felsplateaus sollte Spirit so parken, dass seine Solarzellen um 25 Grad nach Norden geneigt waren, um mehr von der schwachen Wintersonne aufzufangen. Denn Spirits Solarmodule waren nach einem langen Sandsturm mit sehr viel Staub bedeckt, was die Energieausbeute stark beeinträchtigt. Doch auf einmal steckte der Roboter beim Versuch, eine sandige Böschung hochzufahren, fest; eines seiner Räder war an einem Stein hängen geblieben.

Auf der anderen Seite des Mars war Opportunity in einem flachen Krater auf einer Ebene namens Meridiani Planum gelandet, um dort auf Entdeckungsreise zu gehen. Auch er bestätigte mit bestechenden Aufnahmen, dass einst Wasser zwischen den Felsen geflossen sein musste; es hat deren Oberfläche und ihre chemische Zusammensetzung verändert. So konnte zum Beispiel das Mineral Jarosit nachgewiesen werden, eine Verbindung aus Kalium, Eisen und Schwefel. Es ist auf der Erde ziemlich selten, entsteht aber auch dort nur in flüssigem, saurem Wasser. Am Rande des Landekraters wurden große Mengen Schwefel im Felsen gefunden, eingebunden in Salzen; auch diese entstehen nur im Wasser. Mit der Zeit war den Forschern klar, dass Opportunity in einem ausgetrockneten See gelandet war. Damit ist die Frage, ob es auf dem Mars dereinst Wasser gegeben hat, endgültig mit Ja zu beantworten. Also wäre im Prinzip auch Leben, zumindest in einfachsten Formen, möglich gewesen. Spuren davon wurden allerdings bislang nicht gefunden. Zwar wurde in der Mars-Atmosphäre auch Methan nachgewiesen, doch dieses muss nicht unbedingt von Lebewesen stammen; auch Vulkanismus erzeugt dieses Gas.

## Vulkanismus auf dem Mars

Wasser und Atmosphäre sind nicht das Einzige, was die Marsforscher interessiert. Es geht letztlich um ein immer genaueres, in sich schlüssiges Bild von der Entwicklungsgeschichte unseres Nachbarplaneten. Und hierzu gehört zum Beispiel auch die Frage nach vulkanischer Aktivität. Dass es diese gab, beweisen die zahllosen erloschenen Vulkane, die die Marsoberfläche aufweist. Der Marsvulkan Olympus Mons ist immerhin der höchste Berg im gesamten Sonnensystem. Mit einer Höhe von 21 Kilometern ist er zweieinhalbmal so hoch wie der Mount Everest. Sein kesselartiger Gipfelkrater ist drei Kilometer tief. Nicht nur vor Milliarden von Jahren hat es Vulkanismus auf dem Mars gegeben, sondern auch noch in jüngster Zeit. Mit »jüngster« sind einige Millionen bis einige hundert Millionen Jahre gemeint. Anders als bisher angenommen, könnte es durchaus noch Vulkane auf dem Mars geben, die nicht völlig erloschen sind. Manche Böden von Gipfelkratern sind erstaunlich jung. Bei Olympus Mons fand man einige erkaltete Lavaströme an den unteren Flanken, die nicht älter als 25 Millionen Jahre sind; einer ist gar nur zwei Millionen Jahre alt.

Aber nicht nur von erkalteten Lavaströmen ist die Marsoberfläche im Bereich von Vulkanen geprägt, sondern ebenso von Gletscherströmen, genauer: den Spuren, die sie hinterlassen haben. Womit wir wieder beim Wasser wären. Gletscher gab es nicht nur in den polaren Regionen, wo heute noch, wie bereits erwähnt, große Mengen von gefrorenem Wasser lagern, sondern auch in den gemäßigten Breiten in Richtung zum Marsäquator – so auch am Olympus Mons. Am Fuß seiner westlichen Flanke finden sich zungenartige Ablagerungen, die zweifelsfrei von Gletschern herrühren.

Zu fragen bleibt, welche Rolle das Wasser früher auf dem Mars gespielt hat. Hierzu gibt es weiterhin große Unsicherheiten. Eigentlich sollte es heute auf dem Mars reichlich Karbonat- und Kalkgestein geben, denn beide Mineralienklassen entstehen im Zusammenhang mit warmen, kohlendioxidhaltigen Ozeanen, weshalb sie ja auch auf der Erde reichlich vorkommen. Doch auf dem Mars wurden noch keine entdeckt. Das bedeutet, dass alle einstigen Mars-Ozeane entweder kalt oder sehr kurzlebig oder überhaupt karbonat- oder kalkfeindlich waren. Auch eine andere, ebenfalls mit Wasser in direktem Zusammenhang stehende Mineralienklasse, die sogenannten Tone, fehlen auf dem Mars. Zumindest war das der Stand der Dinge bis Ende 2006. Dann zeigten neue Messergebnisse, dass die Forscher anfangs nicht genau genug hingesehen hatten. Man fand in vielen Regionen Ton-Vorkommen und andere Minerale, die nur in Verbindung mit Wasser entstehen (hydratisierte Minerale). Man vermutet, dass die Tone aus verwittertem Vulkangestein und Wasser entstanden sind.

Erstaunlicherweise fanden sich wider Erwarten keine Karbonate (Salze der Kohlensäure). Aber auch für diesen Umstand fand man schließlich einen einleuchtenden Grund: den auf dem Mars in großen Mengen vorkommenden Schwefel. Dieser baut, durch Vulkanismus an die Oberfläche gelangt und im Wasser gelöst, die Karbonate ab. Dennoch bleibt rätselhaft, dass sich nirgendwo wenigstens Spuren von Karbonaten erhalten haben. Denn schließlich fand man auch Tone, und die vertragen Schwefelsäure genauso wenig.

Womöglich war der Mars von jeher ein Planet, auf dem Regionen mit Wasser von solchen ohne Wasser streng geschieden waren, wobei auch die wässrigen Gebiete nur kurzzeitig flüssiges Wasser aufwiesen – zu kurz, um Karbonatgestein, Kalkstein oder Tone zu bilden. Es könnte gut sein, dass die Mars-Ozeane zahlreiche und schnell wechselnde Phasen von Verdunstung (oder Einfrieren) und Austrocknung durchlaufen haben. Wasser wäre demnach nur in isolierten Regionen des Mars über relativ kurze Zeit vorhanden gewesen. Zu fragen wäre dann, wieso sich Wasser an bestimmten Orten gesammelt hat und dort geblieben ist? Dazu weiß die Forschung vorerst noch nichts Fundiertes zu sagen.

Es ist gut möglich, dass es auf dem Roten Planeten immer wieder mal längere Perioden mit erdähnlichen Bedingungen gegeben hat. In diesen Warmzeiten wäre das seit Urzeiten vorhandene Eis an bestimmten Orten aufgetaut. Hierzu passten die Spuren großer Flusssysteme und Deltas, die man gefunden hat. Solche konnten nur entstehen, wenn über einen langen Zeitraum Wasser über die Oberfläche des Mars geströmt ist. Zwar dürften viele der entdeckten Täler durch unterirdisch fließendes Wasser entstanden sein, doch eine ganze Reihe von ihnen zeigen typische Formen, die auf Regenfälle oder Eisschmelze als Ursache schließen lassen. Die Quellen solcher Flusssysteme liegen stets in der Nähe von Gebirgskämmen, was darauf schließen lässt, dass sie von Niederschlägen und abfließendem Wasser verursacht wurden. Vorerst ist allerdings ungewiss, wann diese von fließendem Wasser geformten Strukturen entstanden sind. Einiges spricht dafür, dass sie in die Frühzeit des Mars gehören: etwa eine Milliarde Jahre nach seiner Entstehung.

## Gab es mal Leben auf dem Mars?

Insgesamt zeigt der Mars eine sehr alte Oberfläche, die von Wasser nur in geringem Maße und örtlich sehr begrenzt gestaltet worden ist. Wo dies der Fall ist, sind die Spuren aber deutlich sichtbar. Aber wie, so fragt man sich, konnte eine derart staubtrockene Welt an bestimmten Orten und zu bestimmten Zeiten so reich an Wasser gewesen sein, dass sich Seen, Gletscher, ja ganze Meere gebildet haben? Dies bleibt vorerst eine offene Frage.

Einer der führenden Experten auf dem Gebiet der Marsforschung, der Amerikaner Philip R. Christensen, hat die Hoffnung, auf dem Mars Spuren von Leben zu finden, noch immer nicht aufgegeben. Er hofft auf zukünftige Missionen, die gezielter danach suchen werden, wie etwa die im August 2007 gestartete Marssonde Phoenix, die am 25. Mai 2008 den Planeten erreichte. »Eine Reihe diverser Orte«, so meint Christensen, »steht zur Auswahl, an denen Leben Fuß gefasst haben könnte. Wasser war in den Seen sicher längere Zeit, wenn auch mit Unterbrechungen, vorhanden. Vielleicht lange genug, um aus toter Materie lebendige entstehen zu lassen. In Winterstarre während Kälteperioden und auftauend, wenn sich das Klima verbesserte, könnten Organismen bis heute überlebt haben. Die übrig gebliebenen Schneefelder … und andere Gebiete sollten für zukünftige Marsrover ein idealer Ort sein, um nach Leben auf dem Mars zu suchen.« Die Chance, auch welches zu finden, dürfte dennoch verschwindend gering sein. Neueste Analysen des Mars-Rovers Opportunity zeigen, dass die marsianische Ursuppe nicht nur sehr sauer, sondern auch extrem salzig gewesen sein muss. Allenfalls eine Handvoll Organismen, die solche extremen Bedingungen aushalten und die wir auch auf der Erde kennen, hätten dort den Hauch einer Überlebenschance gehabt. Eines ist jedenfalls gewiss: Der Mars bleibt mit all seinen offenen Fragen eines der interessantesten Forschungsobjekte in unserem Sonnensystem.

Was die Marssonde Phoenix betrifft, so wurde Ende Juni 2008 gemeldet, dass sie tatsächlich Eis auf dem Mars entdeckt hat. In der Spur, die vom Bagger der Sonde gegraben wurde, waren auf Fotos weiße Brocken zu sehen, die innerhalb von vier Tagen verschwunden waren. Es kann sich dabei nur um Eis gehandelt haben, das, an die Oberfläche gebracht, im Sonnenlicht geschmolzen und verdampft ist. Leider überstand Phoenix den harten Marswinter mit Dauertemperaturen zwischen minus 45 und minus 89 Grad Celsius nicht. Anfang November 2008 gab die NASA die Marssonde auf.

# Zehntes Kapitel

# DAS NEUESTE VON DEN GASRIESEN JUPITER, SATURN, URANUS UND NEPTUN

Die beiden inneren Planeten des Sonnensystems, Merkur und Venus, bekommen von der Erde nur selten Besuch – der Hitze wegen, die auf beiden Planeten herrscht, zumindest dort, wo gerade die Sonne hinscheint. Vor allem Merkur, auf dem es unter der hauchdünnen Atmosphäre aus Wasserstoff und Helium am Tage bis zu 460 Grad Celsius heiß wird, ist noch immer ein weißer Fleck auf der Karte unseres Sonnensystems. Ein einziges Mal, nämlich im Jahre 1974, flog eine Sonde (Mariner 10) an ihm vorbei und fotografierte einen Teil seiner Oberfläche. Wenn alles klappt, soll im Jahre 2009 die europäische Raumsonde Bepi Colombo den Merkur erreichen, ihn ein Jahr lang umrunden und detailliert untersuchen. Zudem ist geplant, ein Messgerät auf seiner Oberfläche abzusetzen. Zwei Jahre später, im März 2011, soll die NASA-Sonde Messenger in eine Umlaufbahn um Merkur einschwenken und die Oberfläche des sonnennächsten Planeten erstmals vollständig aus großer Nähe fotografieren. Eine erste Stippvisite beim Mini-Planeten, der nicht viel größer ist als der Erdmond, machte Messenger Anfang 2008. Da flog die Sonde in knapp 200 Kilometer Höhe an Merkur vorbei. Sieben wissenschaftliche Instrumente sammelten bei dem Vorbeiflug Messdaten, eine Kamera funkte mehr als 12 000 Aufnahmen zur Erde. Mit jedem neuen Datensatz änderte sich für die Wissenschaftler das Bild von Merkur ein wenig. So gibt es auf Merkur sehr hohe, mehrere hundert Kilometer lange und schroffe Felsketten. Diese entstanden womöglich, als sich der ursprünglich sehr heiße Planet abkühlte. Dabei schrumpfte er ein wenig und bekam »Runzeln«. Überrascht waren die Forscher auch über einen Einschlagkrater mit einem Durchmesser von 260 Kilometern. Er weist einen doppelten Rand auf, was auf den Einschlag eines sehr großen Körpers schließen lässt. Nach ihrem Vorbeiflug umrundete

Messenger die Sonne und flog im Oktober 2008 und im September 2009 zwei weitere Male am Merkur vorbei. Bis zum März 2011 wird Messenger die Sonne 15-mal umrundet und insgesamt acht Milliarden Kilometer zurückgelegt haben.

Merkur läuft auf einer stark elliptischen Bahn um die Sonne; sie führt ihn bis zu 46 Millionen Kilometer an die Sonne heran, womit er ihr fast dreieinhalbmal näher kommt als die Erde. Umso erstaunter waren die Wissenschaftler, als Radarbeobachtungen an den Polen Merkurs auf Wassereis schließen ließen. Es könnte auf dem Grund tiefer Krater ruhen, in die auch bei Tage niemals das Sonnenlicht vordringt. Wegen seiner Nähe zur Sonne stellt Merkur ein besonders heikles Ziel für irdische Missionen dar. Sonden haben nicht nur mit der starken Anziehungskraft der Sonne zu kämpfen, sondern auch mit einer extremen Strahlungsbelastung, die hohe Anforderungen an das Material stellt. Außer über Größe und Form wissen wir über Merkur noch immer sehr wenig. Die neuen Sonden sollen Aufschluss geben über den inneren Aufbau des steinigen Planeten, über dessen Magnet- und Schwerefeld, die Rotation und die Zusammensetzung der Oberfläche.

Auch die Venus gibt noch in vieler Hinsicht Rätsel auf. Denn sie versteckt sich unter einer extrem dichten Atmosphäre, sodass man im Teleskop keinerlei Einzelheiten erkennen kann, die einer festen Oberfläche zuzuordnen wären. Die dichte Venus-Atmosphäre besteht zu 96 Prozent aus Kohlendioxid, also jenem Gas, das auch auf der Erde hauptsächlich für den Treibhauseffekt und damit für die Klimaerwärmung verantwortlich ist, obwohl es hier nur einen Anteil von 0,04 Prozent hat. Das »Venus-Treibhaus« bewirkt, dass dort bei Tag und Nacht die gleichen höllischen Temperaturen von etwa 475 Grad Celsius herrschen. Mit einfachsten Lebensformen ist deshalb auf der Venus so wenig zu rechnen wie auf dem Merkur. Das ist auch der Hauptgrund, wieso sich das wissenschaftliche Interesse an den beiden sonnennächsten Planeten in Grenzen hält. Im April 2006 erreichte nach vielen Jahrzehnten endlich mal wieder eine Sonde den heißen Nachbarplaneten: die europäische Sonde

Venus Express. Von sensationellen Beobachtungen ist bislang allerdings nicht berichtet worden.

Jupiter und Saturn, die beiden Gasriesen in unserem Sonnensystem, haben von jeher das Interesse der Astronomen geweckt, nicht zuletzt auch wegen ihrer zahlreichen, zum Teil sehr großen Monde. Jupiter hat 4 große Monde: Io, Europa, Ganymed und Kallisto, die man auch die galileischen Monde nennt, weil Galileo Galilei (1564–1642) sie als erster durch sein einfaches Fernrohr im Jahre 1610 entdeckt hat. Hinzu kommen zahllose Mondwinzlinge. Immer wieder werden bei Jupiter neue Mondzwerge entdeckt, zuletzt im Jahre 2003. Bei diesen handelt es sich allerdings nur um Gesteinsbrocken mit Durchmessern von 2 bis 4 Kilometern. Insgesamt zählt man zurzeit 63 Jupitermonde. Saturn hingegen hat nur einen großen Mond, Titan genannt, und etwa 30 kleine Trabanten, von denen vier immerhin noch Durchmesser von mehr als 1000 Kilometern erreichen.

## Der Jupitermond Io

Von Jupiters vier großen Monden wird vor allem Io immer wieder von den Astronomen in Augenschein genommen. Denn Io ist neben der Erde das vulkanisch aktivste Objekt im ganzen Sonnensystem. Seine Oberfläche ist mit etwa 80 aktiven Vulkanen geradezu übersät. Io ist nur so groß wie der Erdmond, speit aber hundertmal mehr Lava aus als alle irdischen Vulkane zusammen. Für Ios »Hitzewallungen« ist Jupiter verantwortlich. Denn Io, dieser innerste Jupitermond, unterliegt bei seinem Umlauf um den Planeten so starken Anziehungskräften, dass sein Inneres ständig wie ein Teig durchgeknetet und dabei erhitzt wird. Dabei heizen sich auch Schwefelschichten unter der krustigen Oberfläche auf und schießen immer wieder explosionsartig aus dem Innern hervor. Im August 2001 flog die deutsch-amerikanische Raumsonde Galileo, die zur

Erforschung Jupiters losgeschickt wurde, erstmals durch solch eine Ausbruchswolke, die bis in eine Höhe von 500 Kilometern emporschoss.

Io wird aber nicht nur durch Jupiters Schwerkraftwirkung sehr stark beeinflusst, sondern ebenso durch dessen elektromagnetisches Feld. Die Gase, die Io aus seinen Vulkanen verströmt, werden ionisiert, also elektrisch geladen, und sammeln sich als feiner Gasschlauch in einer Umlaufbahn an. Zwischen diesem und der Jupiter-Atmosphäre fließt ständig ein elektrischer Strom von 5 Millionen Ampere – eine Art elektronischer Nabelschnur zwischen Planet und Mond.

Galileo hatte schon im Dezember 1995 nach einer sechsjährigen Reise durchs Sonnensystem den Gasriesen erreicht, um anschließend in eine Umlaufbahn einzuschwenken. Von dort wurde eine von der Hauptsonde abgetrennte Instrumentenkapsel zum Planeten geschickt; sie drang in Äquatornähe in die Atmosphäre ein und sandte mehr als eine Stunde lang Messdaten zur Erde, bevor sie von den hohen Temperaturen und Drücken in den tieferen Schichten der Jupiter-Atmosphäre zerstört wurde. Dank der übermittelten Daten weiß man heute, dass die Jupiter-Atmosphäre keine einheitlichen Bedingungen schafft, sondern sehr große örtliche Unterschiede aufweist. Bis dahin wurde sie sehr allgemein als »stürmisch, bewölkt, heiß und feucht« beschrieben. Die Atmosphären-Sonde registrierte jedoch eine »klare, trockene und eher ruhige« Wetterlage. Das hatte aber nur damit zu tun, dass die Sonde in eine Art Loch in der Atmosphäre Jupiters gefallen war, wo aus tieferen Schichten heiße und trockene Gasströme nach oben gelangten. Kurz vor dem Ende der Datenübertragung stiegen dann die Konzentrationen von Wasser, Ammoniak und Schwefelwasserstoff steil an, ebenso die Windgeschwindigkeiten. Daraus konnte man schließen, dass die Dynamik der Jupiter-Atmosphäre hauptsächlich durch innere Energiequellen angetrieben wird und nicht, wie bei der Erde, durch die Sonne als äußerer Energiequelle. Die Atmosphären-Sonde konnte nur etwa 0,1 Prozent des Wegs bis zum Zentrum des Gasriesen zurücklegen, weshalb sie zum inneren Aufbau Jupiters keine neuen Erkenntnisse lieferte. Hier gilt weiterhin die Theorie, dass Jupiter zwar zum größten Teil aus Wasserstoff besteht, dieser aber mit zunehmendem Druck im Innern verflüssigt, ja sogar metallisch wird. Ein kleiner innerster Kern besteht vermutlich sogar aus Gestein, um das herum sich der Wasserstoff in der Geburtsphase des Planeten angesammelt hat.

Auch das zarte Ringsystem, von dem Jupiter umgeben ist, wurde von der Galileo-Sonde eingehend fotografiert. Dieses wird offenbar von den vier kleinen inneren Monden des Riesenplaneten (Metis, Adrastea, Amalthea und Thebe) hervorgebracht. Es gibt einen Hauptring und einen hauchdünnen Nebenring, der eine komplexe Struktur aufweist; er besteht aus einer Vielzahl von Schichten, die direkt mit den Umlaufbahnen von Amalthea und Thebe zusammenhängen. Die Ringe bestehen aus mikroskopisch kleinen Staubkörnern, die vermutlich durch Einschläge kleiner Meteoriten aus den Oberflächen der beiden Monde herausgeschleudert wurden.

Insgesamt erscheint Jupiter mitsamt seinen Monden wie ein eigenes kleines Planetensystem, das in seiner Komplexität durchaus mit dem gesamten Sonnensystem verglichen werden kann. Jupiter gleicht in mancher Hinsicht einer kleinen Sonne, die nicht das Glück hatte, eigene Leuchtkraft zu entwickeln. Seine vier großen Monde sind sehr vielgestaltig; vor allem Io »gebärdet« sich wie ein junger Planet, der vor innerer Lava-Energie geradezu überschäumt.

Auch zu den drei anderen großen Monden Jupiters lieferte die Galileo-Sonde zahlreiche neue Erkenntnisse. Ganymed, der größte Mond im ganzen Sonnensystem, ist offensichtlich auch der einzige, der ein eigenes Dipol-Magnetfeld aufweist, ähnlich wie die großen Planeten. Wie dieses bei Ganymed entsteht, ist vorerst noch unklar. Jedenfalls besitzt er, wie auch die Monde Io und Europa, einen dichten Eisenkern. Kallisto, der äußerste der galileischen Monde, scheint völlig anders aufgebaut zu sein; unter seiner Eiskruste besteht er vermutlich nur aus einem Gemisch aus Eis und Gestein –

ein kugelförmiger Schutthaufen, mehr nicht. Er interessierte bislang die Astronomen nur am Rande. Doch die Galileo-Sonde zeigte, dass auch er seine interessanten Seiten hat. So weist er unzählige kilometergroße Einschlagkrater auf, die sich bei den anderen drei Großmonden nicht finden. Das weist auf eine seit Milliarden Jahren weitgehend unverändert gebliebene Oberfläche hin; denn nur in der Frühzeit des Sonnensystems waren die Planeten und Monde einem heftigen Meteoritenhagel ausgesetzt. Kallisto konnte seine alte Oberflächenstruktur bis heute bewahren, weil er als äußerster großer Mond Jupiters von dessen Schwerkraft nicht »durchgeknetet« wird.

## Der Saturnmond Titan

Nachdem Jupiter und seine Monde durch die Raumsonde Galileo eingehend untersucht worden waren, galt Saturn und seinem großen Mond Titan – er ist größer als der Planet Merkur – die nächste Erkundungsmission. Sieben Jahre nach dem Start von der Erde traf am 1. Juli 2004 die Doppelsonde Cassini-Huygens beim zweitgrößten Planeten unseres Sonnensystems ein – mehr als zwanzig Jahre nach den ersten Missionen Pioneer 11 und Voyager 1 und 2. Sie ist benannt nach dem niederländischen Astronomen Christiaan Huygens (1629–1695), der Titan entdeckt hat, und nach dem französisch-italienischen Astronomen Giovanni Domenico Cassini (1625–1712), der vier weitere Saturnmonde aufspürte sowie die große Teilung in Saturns Ringsystem.

Saturn ist von der Sonne fast doppelt so weit entfernt wie Jupiter: 1,4 Milliarden Kilometer. Das ist der Grund, wieso die Astronomen von jeher über Saturn weniger wussten als über Jupiter. Und noch viel weniger wussten sie über seinen großen Mond Titan. Immerhin entdeckte man im Jahre 1943, dass dieser Mond eine dichte, orangefarbene Atmosphäre hat, die, wie die irdische Lufthülle auch, hauptsächlich aus Stickstoff besteht. Dieser Umstand weckte in den Forschern die Hoffnung, dass eine genauere Untersuchung Titans auch neues Wissen über die Entstehung des Lebens auf der Erde liefern könne. Zu diesem Zweck wurde die Atmosphären-Sonde Huygens nicht auf den Saturn geschickt, sondern auf dessen großen Begleiter. Bereits die Sonde Voyager 1 hatte entdeckt, dass Methan neben Stickstoff das häufigste Gas in der Titan-Atmosphäre ist (Anteil ca. 5 Prozent). Diese ist auch noch ähnlich dynamisch wie die irdische. Das Methan könnte im Wettergeschehen auf Titan eine ähnliche Rolle spielen wie das Wasser auf der Erde, das heißt, es könnte dort regelrechte Methanwolken und auch Methanregen hervorbringen.

Am 25. Dezember trennte sich die Landesonde Huygens von Cassini und tauchte am 14. Januar 2005 in die bis zu 1000 Kilometer dicke Atmosphäre von Titan ein, um am Ende an einem Fallschirm langsam auf seine Oberfläche zu schweben. Es war die erste weiche Landung einer Raumsonde auf einem Himmelskörper jenseits der Marsbahn. Während des Sinkflugs sandte Huygens rund 350 Fotos zur Erde – ziemlich trübe Fotos, aus denen sich nur schließen ließ, dass die Gashülle Titans noch wesentlich trüber war als erwartet. Erst in etwa 20 Kilometer Höhe über dem Boden klärte sich die Sicht. Was zu sehen war, erinnerte trotz aller Fremdartigkeit an irdische Verhältnisse. Auf Titan gibt es, wie zu erwarten war, Niederschläge, Winde, Smog – und eine dadurch bewirkte Verwitterung der Oberfläche. Ein Großteil der Titan-Oberfläche besteht aus Wassereis, denn dort herrschen Temperaturen von minus 180 Grad Celsius. Das vorhergesagte Methan in der Atmosphäre wurde auch nachgewiesen, wobei es dicht über dem Boden am häufigsten ist. Das lässt darauf schließen, dass es hauptsächlich dem Boden entströmt.

Die während des Landeanflugs aufgenommenen Fotos zeigen flussdeltaähnliche Rinnensysteme, die wahrscheinlich durch Niederschläge flüssigen Methans verursacht wurden. Von den erwarteten Methan-Seen wurden allerdings keine entdeckt, was nicht heißt, dass es sie an anderen Orten nicht geben könnte. Jedenfalls scheint auf Titan nicht ständig und überall ein Methanregen niederzugehen.

Methan, das in geringen Spuren auch in der Mars-Atmosphäre festgestellt wurde und ebenso in der Erdatmosphäre (als Treibhausgas) vorkommt, geht zumindest auf unserem Planeten hauptsächlich auf Lebewesen zurück: Gras fressende Huftiere wie Rinder, Ziegen oder Schafe verursachen ein Fünftel des gesamten Methanausstoßes in die Erdatmosphäre. Es ist ein Nebenprodukt des Stoffwechsels von Bakterien in den Verdauungsorganen dieser Tiere. Auch aus Reisfeldern und Sümpfen entweicht reichlich Methan, zudem aus leckenden Erdgas-Leitungen und aus Vulkanen. Doch auch die vulkanischen Quellen geben letztlich nur ab, was Organismen in der Vergangenheit produziert haben.

Kein Wunder also, wenn Astronomen gleich an Leben denken, wenn sie große Mengen Methan auf anderen Himmelskörpern entdecken. Im Falle Titans scheint man aber sicher zu sein, dass es nicht von Organismen stammt. Unter den besonderen Bedingungen dieses Saturnmonds könnten chemische Reaktionen zwischen Wasser und Gestein Wasserstoff produziert haben, der dann zusammen mit Kohlendioxid und Kohlenmonoxid das Methan erzeugt. Dass Bakterien das Methan auf Titan produziert haben könnten, gilt als äußerst unwahrscheinlich. Dennoch: Das Methan auf Titan – und auch auf dem Mars – gibt den Forschern weiterhin Rätsel auf.

Die orange Farbe der Titan-Atmosphäre rührt von fotochemischen Reaktionen des UV-Lichts mit Methan in etwa 300 Kilometer Höhe. Dort spaltet diese energiereiche Strahlung von den Methan-Molekülen – sie bestehen aus einem Kohlenstoff- und vier Wasserstoff-Atomen ($CH_4$) – einzelne Wasserstoff-Atome ab. Die übrig bleibenden Kohlenwasserstoff-Reste verbinden sich untereinander zu langen Kohlenwasserstoff-Ketten und diese sich schließlich zu komplizierten organischen Verbindungen, die der Titan-Atmosphäre als Schwebeteilchen die orange Farbe verleihen. Sie werden zum Teil vom Methanregen mitgeführt und bleiben als eine Art Schlamm auf dem Boden zurück.

Methan ist bei irdischen Temperaturen ein Gas, tritt aber bei den eisigen Temperaturen, die auf Titan herrschen, als Flüssigkeit in Erscheinung. So gibt es auf Titan eine Art Methanzyklus, der dem Wasserzyklus auf der Erde ähnelt. Nahe dem Titan-Äquator verdampft das Methan, wird anschließend zu den Polen transportiert, wo es zu Methanwolken kondensiert und abregnet. Wenn das Methan, wie soeben beschrieben, in den oberen Schichten der Titan-Atmosphäre zerstört wird, muss es natürlich von irgendwoher ersetzt werden. Schon seit längerem vermuten die Forscher, dass auf Titan so genannte Cryo-Vulkane tätig sein könnten; diese stoßen keine flüssige Lava aus wie gewöhnliche Vulkane, sondern fördern nur leicht schmelzbare Stoffe an die Oberfläche, die tief im Boden in Eisform gelagert sind und unter anderem auch Methan enthalten. Periodische innere Wärmeschübe des Saturnmonds tauen sie auf, sodass sie zur Oberfläche drängen. Tatsächlich erspähte die Sonde Cassini auf Titan einen erloschenen Cryo-Vulkan, als sie im Oktober 2004 ganz dicht am Saturnmond vorbeiflog. Die Wärmeschübe im Innern Titans werden höchstwahrscheinlich durch die Schwerkraftwirkung des Saturn verursacht. Die Umlaufbahn des Mondes ist stark elliptisch, weshalb er wegen der wechselnden Distanz zu Saturn wie ein Blasebalg periodisch zusammengedrückt und wieder gedehnt wird – ähnlich wie der Jupitermond Io. Diese abwechselnde leichte Verformung erzeugt Reibungswärme im Innern des Mondes, die zur zeitweiligen Schmelze des gefrorenen Materials führt. In flüssiger Form kann es dann unter der Wirkung von Auftriebskräften durch Risse nach oben wandern und an der Oberfläche austreten.

Aufgrund der von Cassini und Huygens gelieferten Daten lässt sich mit Hochleistungs-Computern ein Modell für die chemische Zusammensetzung von Titan erstellen. Demnach verbirgt sich unter einer obersten Schicht aus Wassereis eine Art unterirdischer Ozean, wie man ihn auch unter der Eiskruste des Jupiter-Monds

Europa vermutet. Der Titan-Ozean soll sehr viel Ammoniak ($NH_3$) enthalten (ca. 10 Prozent). Dieses würde wie ein Frostschutzmittel verhindern, dass der Ozean einfriert, obwohl seine Temperatur weit unter dem Gefrierpunkt liegen dürfte. (Auf der Titan-Oberfläche sind es, wie wir hörten, minus 180 Grad Celsius.) Von diesem unterirdischen ammoniakhaltigen Wasserozean stammt vermutlich auch das Ammoniak in der Titan-Atmosphäre, die, wie wir bereits wissen, hauptsächlich aus Stickstoff (N) besteht – und Ammoniak ist ja eine Stickstoff-Wasserstoff-Verbindung.

Ähnliche Beobachtungen wie auf Titan machte die Raumsonde Cassini Jahre später auf dem kleinen Saturnmond Enceladus, an dem sie in geringer Höhe vorbeiflog. Am 12. März 2008 durchquerte sie Gasschwaden, die am Südpol von Enceladus unter großem Druck aus Spalten in der Eisdecke entweichen. Deren chemische Analyse erbrachte ähnliche Ergebnisse wie bei Titan. In zwei entscheidenden Punkten unterschieden sich die Ergebnisse jedoch: Bei Enceladus fand man in den Gaswolken auch Wasserdampf und verschiedene organische Moleküle. Daraus ergibt sich zumindest theoretisch die Möglichkeit, dass auf diesem kleinen Saturnmond einfachste Lebensformen existieren. Das hängt freilich von den Temperaturen unter den Eisspalten ab. Dort müsste es flüssiges Wasser geben, ohne das kein Leben möglich ist. Bisherige Messungen ergaben nur, dass es dort wärmer als minus 93 Grad Celsius ist – und das sind immerhin 100 Grad Celsius mehr als sonst wo am Südpol des Saturnmonds.

## Alle Gasplaneten besitzen Ringsysteme, nicht nur Saturn

Die beiden äußeren Gasplaneten unseres Sonnensystems, Uranus und Neptun, sind von den Astronomen stets etwas stiefmütterlich behandelt worden. Man erforschte sie mit den Großteleskopen von der Erde aus, schickte aber keine teuren Weltraumsonden zu ihnen. Seit man weiß, dass nicht nur Saturn von zarten Ringen umgeben ist, sondern ebenso Jupiter, Uranus und Neptun, stellen sich die Astronomen die Frage, wie die großen Gasplaneten zu ihren Ringen gekommen sind und wieso die Gesteinsplaneten keine haben. Diese Frage mag uns nebensächlich erscheinen, doch zielt sie letztlich auf die grundlegende Frage, wie die Planeten überhaupt entstanden sind. Der britische Physiker James Clerk Maxwell (1831–1879), der Entdecker der Gesetze des Elektromagnetismus, meinte zum Rätsel der Saturnringe: »Es gibt Fragen in der Astronomie, die ziehen uns … wegen ihrer Merkwürdigkeit an … und nicht, weil ihre Lösung einen direkten Nutzen für die Menschheit hätte … Mir ist kein praktischer Nutzen der Saturnringe bekannt …, aber wenn wir die Ringe von einem rein wissenschaftlichen Standpunkt aus betrachten, dann werden sie zu den bemerkenswertesten Objekten am Firmament, abgesehen vielleicht von jenen noch unnützeren Gebilden, den Spiralgalaxien … Wenn wir mit eigenen Augen diesen großen Bogen gesehen haben, der sich über dem Äquator des Planeten spannt, dann kann uns das keine Ruhe lassen.«

Gerade die Entdeckungen des vergangenen Jahrzehnts haben unser Wissen über die Ringsysteme derart erweitert, dass wir mittlerweile eine ziemlich schlüssige Theorie zu ihrer Entstehung besitzen. Jeder der großen Gasplaneten hat seine für ihn typischen Ringe, von denen natürlich jene des Saturn am eindrucksvollsten sind. Entscheidend für ihre Ausprägung sind die unzähligen Kleinmonde, von denen die Gasplaneten umrundet werden. Wie Hirten ihre Schäfchen, so treiben sie kosmischen Staub sowie Eis- und Gesteinsbrocken zu feinen Bändern zusammen. Die Teilchengröße in den Ringen reicht von wenigen Zentimetern bis zu einigen Metern. Diese Bänder sind bei Saturn nur einige Dutzend Meter dick, aber mehrere hunderttausend Kilometer breit. Das Verhältnis von Dicke und Ausdehnung entspricht in etwa dem eines Blattes Seidenpapier von der Größe eines Fußballfelds. Die Ringe werden von feinsten Schwerkraftprozessen geformt, wobei anziehende und abstoßende Kräfte gleichermaßen im Spiel sind. Vor allem die besonders dicken Ringbereiche verändern sich mit der Zeit. Denn in dem dichten Nebeneinander der Teilchen und Brocken, die den Planeten umkreisen, stoßen diese oft mehrere Male während eines Umlaufs miteinander zusammen. Dabei geht Energie verloren. Das führt dazu, dass sich die Drehimpulse der Teile ändern. Der Energieverlust und die Umverteilung der Drehimpulse sorgen für die Abplattung des dichten Ringsystems; es zerfließt buchstäblich zu einer dünnen Scheibe in der Äquatorebene des Planeten, egal, wie es ursprünglich ausgesehen haben mag.

Im Gegensatz zu den dichten, aber extrem dünnen Saturnringen, sind die Ringe Jupiters von einer zarten Durchsichtigkeit bei einer relativ dicken Scheibe. Im Jupiterring sind die winzigen Partikel so weit voneinander entfernt, dass sie nur selten zusammenstoßen. Dadurch zerfließt die Scheibe nicht, sondern bleibt verhältnismäßig dick. Der Jupiterring besteht ausschließlich aus sehr feinem Staub, verglcichbar mit Zigarettenrauch. Deshalb wurde er überhaupt erst in jüngster Zeit entdeckt.

An den Ringen des Uranus fällt auf, dass sie zur Äquatorebene des Planeten leicht geneigt und ellipsenförmig sind. Noch weiß man nicht, wie diese Besonderheiten zu erklären sind.

Am wenigsten erforscht sind die Ringe Neptuns – eben weil der Planet am weitesten von der Erde entfernt ist. Auffällig an ihnen sind Verdickungen im äußersten Ring. Wie sie zustande gekommen sind, ist noch unklar. Vorerst unbeantwortet ist auch die grundsätzliche Frage, woher bei allen Gasplaneten das Material für die Ringe stammt. Einiges spricht dafür, dass es sich um winziges Absplitterungsmaterial der vielen Kleinmonde handelt, hervorgerufen durch das Bombardement von Teilchen aus dem Weltraum. Wegen der geringen Schwerkraft können solche Absplitterungen leicht von der Oberfläche der Kleinmonde entweichen und sich zu einem Ringsystem formieren. Im Jupitersystem, so zeigen Berechnungen, sind die etwa 10 bis 20 Kilometer großen Monde die besten Staublieferanten. Demnach wäre für jeden Ring im Ringsystem ein spezieller Kleinmond verantwortlich. Dabei würde jeder Kleinmond mit den von ihm selbst produzierten Partikeln zusammenstoßen und so stets für neuen Staub-Nachschub sorgen. Der Ring würde sich gewissermaßen selbst erhalten. Nach einer anderen Theorie könnten die Ringe aber auch Überreste eines zerborstenen Monds sein, der vor langer Zeit von einem heranrasenden Objekt, etwa einem Kometen, getroffen wurde. Auch die Kleinmonde wären dann nichts anderes als die übrig gebliebenen Teile eines zertrümmerten größeren Körpers. Demnach wäre Saturn ursprünglich ein Planet ohne Ringe gewesen. Seine gesamte Ringmaterie ergäbe einen Körper von mindestens 200 Kilometern im Durchmesser.

Dass die inneren Planeten (einschließlich des Mars) keine Ringe aufweisen, kann man dadurch erklären, dass vor allem die Nähe zur Sonne – und der dadurch vorhandene hohe Strahlungsdruck – die Bildung von Ringen aus feinsten Staubteilchen verhindert hat. Diese wurden ins All geblasen, noch ehe sie ein Ringsystem bilden konnten.

# Elftes Kapitel

# DAS NEUESTE VON PLUTO

Für Pluto war das vergangene Forschungsjahrzehnt kein gutes, was ihm freilich völlig egal sein dürfte. Er verlor seinen Planetenstatus. Schuld daran war die Entdeckung eines neuen Objekts am Rande unseres Sonnensystems, das größer ist als Pluto. Die Entdeckung machten Astronomen im Sommer 2005 im sogenannten Kuiper-Gürtel, gewissermaßen der äußeren Schutthalde des Sonnensystems, 14,5 Milliarden Kilometer von der Erde entfernt. Das Objekt bekam zuerst den Namen Xena, inzwischen heißt es Eris.

Wie Pluto, so läuft auch Eris auf einem zur Bahnebene der »normalen« Planeten geneigten, stark elliptischen Orbit. Bei Pluto ist die Bahn um 17 Grad geneigt, bei Eris sind es sogar 44 Grad. Für einen Umlauf um die Sonne benötigt der ferne Himmelskörper 557 Erdenjahre; bei Pluto sind es 248.

In den vergangenen zehn Jahren wurden viele größere Objekte (zwischen 50 und 2000 Kilometer im Durchmesser) im Kuiper-Gürtel entdeckt: über 800 Stück! Man schätzt, dass dort mehr als 70 000 Objekte mit solchen Durchmessern existieren. Hinzu kommen Milliarden von Brocken, die kleiner als 50 Kilometer sind. So stellt sich der Kuiper-Gürtel als ein vergrößertes Abbild des Asteroiden-Gürtels zwischen Mars und Jupiter dar. Für die Entwicklung des Planetensystems war der Kuiper-Gürtel vermutlich sehr wichtig. In der Frühphase, als er 10- bis 100-Mal mehr Objekte zählte, müssen viele von ihnen ins innere Sonnensystem geschleudert worden sein. Dort stießen einige mit den jungen Planeten und Monden zusammen. Bei einer solchen Kollision eines marsgroßen Objekts aus dem Kuiper-Gürtel mit der jungen, noch glutheißen Erde entstand wahrscheinlich auch unser Erdmond.

Doch bis zur Entdeckung von Eris fand man kein Objekt, das

größer war als Pluto; dieser hat einen Durchmesser von 2300 Kilometern. Eris ist mit 2400 Kilometer nur ein wenig größer, besitzt aber gleich 27 Prozent mehr Masse als Pluto. Sogar einen kleinen Mond hat man bei ihm gefunden; dieser erhielt den Namen Dysnomia. Wenn Pluto ein Planet ist, dann müsste auch Eris – der kosmischen Gerechtigkeit halber – den ehrenwerten Status eines Planeten erhalten und somit auch einen Namen aus der griechischen Mythologie.

## Pluto hat seinen Planetenstatus verloren

Schon seit längerem wurde unter Astronomen darüber gestritten, ob Pluto überhaupt ein »echter« Planet ist – oder doch nur ein Zwergplanet wie es sie im Kuiper-Gürtel zuhauf gibt. Je mehr man davon entdeckte, umso stärker verwischten die Grenzen zwischen Asteroiden (Planetoiden), Monden und Planeten. So machten bereits im Jahre 2000 einige Astronomen der Internationalen Astronomischen Union (IAU) den Vorschlag, Pluto zu einem Planetoiden herunterzustufen. Der Vorschlag wurde damals noch abgelehnt. Doch mit der Entdeckung von Eris hatten die Pluto-Freunde auf einmal die schwächere Position. Pluto wurde in die Liga der kosmischen Zwerge verbannt; er gilt offiziell nicht mehr als Planet. Sein Mond Charon hingegen stieg vom Pluto-Mond zum gleichwertigen Zwergplaneten-Partner Plutos auf. Seit August 2006 haben wir also nur noch die acht klassischen Planeten. Daneben gibt es jetzt die neue Klasse der so genannten Plutoiden wie Pluto, Charon oder Eris. Zu ihr gehören also alle Zwergplaneten jenseits der Bahn von Neptun, wobei es bereits einige weitere Kandidaten für diese Klasse gibt. Die Himmelskörper sind allerdings sehr weit entfernt, weshalb ihre genaue Überprüfung schwierig ist. Der bislang als Asteroid geführte Ceres wird nicht zu den Plutoiden gezählt, da er die Sonne nicht im Außenbereich des Planetensystems umkreist, sondern im Asteroidengürtel zwischen Mars und Jupiter; er behält die Bezeichnung »Zwergplanet«. Unser Sonnensystem – ein verwirrendes Durcheinander aus acht Planeten, vorerst drei Plutoiden, einem Zwergplaneten, zahllosen Monden und Asteroiden. Und nicht zu vergessen: die Kometen, diese regelmäßig von weither kommenden Gelegenheitsgäste im inneren Sonnensystem.

Hätte man sich nicht für diese Lösung entschieden, so wäre eine wahre Planetenflut über uns gekommen. Auf einmal hätte auch der größte Asteroid zwischen Mars und Jupiter, Ceres genannt, wegen seiner Größe den Rang eines Planeten erhalten. Drei weitere große Mitglieder des Asteroidengürtels, Vesta, Pallas und Hygiea, kämen ebenso infrage. Auch Plutos Mond Charon hätte als Planet betrachtet werden müssen, oder besser: Pluto und Charon wären ein Doppel-Planet. Denn als Mond Plutos ist Charon mit seinen 1200 Kilometern im Durchmesser eigentlich viel zu groß, nämlich halb so groß wie Pluto. Hier von einem Planet-Mond-System zu sprechen, war also von Anfang an fragwürdig. Da man davon ausgehen kann, dass mit immer noch besseren Teleskopen im Kuiper-Gürtel noch weitere planetenartige Objekte gefunden werden, könnte die Zahl der Planeten irgendwann leicht mehrere Dutzend erreichen. Damit würden zumindest die astronomisch interessierten Laien, zu denen auch wir uns zählen, den Überblick verlieren.

Pluto kam, als er im Jahre 1930 von dem Amerikaner Clyde Tombaugh entdeckt wurde, sowieso nur zu seinem Planetenstatus, weil man glaubte, er sei in etwa so groß wie die Erde. Die stärksten Teleskope reichten damals nicht aus, um seine wahre Größe genau zu bestimmen. Und von einem Kuiper-Gürtel am Rande des Sonnensystems wusste man 1930 noch nichts. Trotzdem galt Pluto von Anfang an als seltsamer Einzelgänger; er passte nicht so recht ins Schema des Sonnensystems: vier kleine Gesteinsplaneten im inneren und vier Gasriesen im äußeren Bereich. Zudem tanzte er, wie schon erwähnt, mit seiner geneigten Bahnebene aus der Reihe: Die acht klassischen Planeten umrunden die Sonne in einer Ebene, wissenschaftlich Ekliptik genannt, und zwar auf nahezu kreisförmigen Bahnen. Dagegen ist die Pluto-Bahn stark elliptisch.

Der zum Zwergplaneten degradierte Pluto wird dennoch im Jahre 2015 mit der Sonde New Horizons ehrenwerten Besuch von der Erde bekommen – zum ersten Mal. Als die Sonde im Januar 2006 vom US-Raumfahrtzentrum Cape Canaveral aus startete, war Pluto noch ein Planet. Planet hin oder her – als Forschungsobjekt ist er jetzt nicht weniger interessant als zuvor. Denn die Erforschung Plutos ist vergleichbar mit einer archäologischen Grabung; man »gräbt« gleichsam in der längst vergangenen Geschichte des äußeren Sonnensystems. Dort draußen ist die Zeit stehen geblieben. Der sonnenferne Pluto hat sich – im Vergleich zu den echten Planeten – seit seiner Entstehung kaum verändert. New Horizons reist somit buchstäblich in die Vergangenheit des Sonnensystems; was sie finden wird, ist freilich ungewiss. Es wird sich zum Beispiel zeigen, ob Pluto noch den Hauch einer Atmosphäre besitzt; manche Teleskop-Aufnahmen lieferten Hinweise, dass dies der Fall sein könnte. Wenn, dann ist sie aber nur ein Zehntausendstel so dicht wie die irdische. Sein Begleiter Charon besitzt jedoch mit Sicherheit keine Atmosphäre; er besteht, einem Kometen vergleichbar, fast zur Hälfte aus Eis. Das hat zur Folge, dass seine Dichte – und damit seine Anziehungskraft – zu gering ist, um eine Gashülle an sich zu binden. Aber das sind alles nur Hypothesen. Denn bislang hat die große Entfernung zur Erde nur unscharfe Bilder von Pluto und Charon ermöglicht. Am Ziel wird New Horizons mit 50 000 Kilometer pro Stunde an Pluto und Charon vorbeirasen und in kurzer Zeit und bei voller Fahrt Fotos von den Oberflächen dieser eisigen Welten machen; die besten Bilder werden immerhin eine Auflösung von 25 Metern haben. Dabei soll auch die Dichte der Einschlagkrater auf der Oberfläche gemessen werden. Aus dem Bombardement der Vergangenheit lassen sich Rückschlüsse auf die Zahl der Objekte im Kuiper-Gürtel ziehen. Die Daten könnten auch für uns Erdbewohner von Interesse sein. Denn die meisten Kometen, die sich irgendwann unserem Planeten nähern und mit ihm zusammenstoßen könnten, kommen aus dieser Region. Nach dem Vorbeiflug an Pluto und Charon soll New Horizons in den Kuiper-Gürtel weiterfliegen und dort innerhalb von fünf Jahren mehrere kleinere Objekte fotografieren. Dann läuft die Sonde freilich selbst Gefahr, mit einem der zahllos dort herumfliegenden Gesteinsbrocken zu kollidieren.

Schon lange fragen sich die Astronomen, was eigentlich die Bildung eines großen Planeten im Kuiper-Gürtel verhindert hat. Irgendeine starke Störung muss etwa zu jener Zeit gewirkt haben, als Pluto entstanden ist. Der Nachbar-Planet Neptun, der sich am inneren Rand des Gürtels gebildet hatte, käme als Ursache dieser Störung infrage. Jedenfalls verlor der Kuiper-Gürtel durch die Anziehungskraft Neptuns den größten Teil seiner Masse, weshalb die verbliebenen Objekte nicht mehr weiter wachsen konnten; sie waren dazu verdammt, auf ewige Zeiten eine kosmische Schutthalde zu bilden.

Zwölftes Kapitel

# DAS NEUESTE
# VOM MOND

Unser Mond bleibt, was er seit jeher war: eben ein Mond. Er ist das kosmische Objekt, das uns am nächsten ist: ca. 380 000 Kilometer. Das Licht braucht von ihm zu uns nur gut eine Sekunde – vom Pluto hingegen mehr als vier Stunden. Auch vom Gefühl her ist er uns nahe. Wir schauen zu ihm hoch wie zu einem guten Freund. Und immer sieht er anders aus in seinem Zu- und Abnehmen. An manchen Tagen (Neumond) ist er da, ohne sich sehen zu lassen. Und dennoch: So nah und vertraut der Mond auch ist – er birgt noch immer Geheimnisse.

Als im Jahre 1959 die russische Sonde Luna 3 zum ersten Mal die stets von der Erde abgewandte Seite des Mondes fotografierte – bis dahin hatte sie noch kein Mensch erblickt –, gab es eine große Überraschung: Die Aufnahmen zeigten, dass es auf der Rückseite des Mondes fast keine »Tiefländer«, sogenannte Maria, gibt. Auf der zur Erde gewandten Seite sind sie hingegen dominierend. Fünfzig Jahre später ist der Grund dafür noch immer unbekannt.

Nach unserem derzeitigen Wissensstand ist es am wahrscheinlichsten, dass die Mondkruste auf der der Erde zugewandten Seite dünner ist und deshalb aufsteigendes Magma-Material in der Frühzeit des Mondes leichter durch die Oberfläche brechen konnte als auf der der Erde abgewandten Seite. Das riesige Südpol-Aitken-Becken, das einzige große Tiefland auf der Mond-Rückseite, enthält dort den größten Teil des Magma-Basalts, doch im Vergleich zur Vorderseite sind diese Ablagerungen sehr dünn, weshalb es auch weniger dunkel erscheint als die Maria der Vorderseite. Das Südpol-Aitken-Becken ist mit einem Durchmesser von 2600 Kilometern der größte Einschlagkrater des gesamten Sonnensystems; auf dem Mond ist es zudem das älteste.

Heute geht die Mondforschung davon aus, dass unser Trabant

etwa 30 Millionen Jahre nach der Erde entstanden ist. Demnach kollidierte vor 4,527 Milliarden Jahren ein etwa marsgroßer Himmelskörper mit der noch glutflüssigen Erde. Aus Trümmerteilen formte sich der Mond, der zunächst noch mit großen Ozeanen aus flüssigem Gestein (Magma) überzogen war. Nur 20 Millionen Jahre später kristallisierte dieses aus und bildete eine feste Kruste, ähnlich wie bei der Erde. Auf diese Frühphase der Mondentstehung folgte ein heftiges Bombardement der Mondoberfläche durch Kometen, Asteroiden und Meteoriten. Durch die Einschläge einiger Riesenbrocken entstanden die großen Becken mit Durchmessern von über 2000 Kilometern. Diese füllten sich im Verlauf der nächsten 300 bis 400 Millionen Jahren mit Lava und bildeten die heute sichtbaren dunklen Maria. Allmählich ließen die Einschläge nach, auch die Größe der Geschosse nahm ab. Daraus erklärt sich, warum die jüngeren Maria weniger und kleinere Einschlagkrater aufweisen als die älteren Hochländer. In den letzten 3 Milliarden Jahren ist auf dem Mond nicht mehr viel passiert: Der Vulkanismus hatte irgendwann aufgehört, neue Krater entstanden nur noch ganz selten. Einzig den Dauerregen von kleinen Meteoriten gibt es noch, wie er auch auf die Erde niedergeht. Auf dem Mond werden sie von keiner schützenden Atmosphäre zum Verglühen gebracht; sie treffen ungebremst auf die Mondoberfläche.

## Der Mond wird für die Astronomen wieder interessant

Seit das Apollo-Programm der NASA im Jahre 1972 mit Apollo 17 abgeschlossen wurde, erlosch nach und nach das Interesse an unserem Trabanten. In der Tat lieferten die Flüge zum Mond – ob bemannt oder unbemannt – in wissenschaftlicher Hinsicht nur magere Ausbeute. Zwar wurden insgesamt 382 Kilogramm Bodenproben eingesammelt und zur Erde transportiert, kleinere Forschungsgeräte auf dem Mond aufgestellt und detaillierte Fotos seiner Oberfläche gemacht, doch die daraus gewonnenen Erkenntnisse blieben dürftig. Es ist bezeichnend, dass einzig beim letzten Apolloflug auch ein Wissenschaftler – ein Geologe – mit an Bord war. Die Mondforschung vollkommen einzustellen, war aus heutiger Sicht wohl eine der größten Fehlentscheidungen der NASA. Man könnte längst eine feste Mondbasis betreiben mit regelmäßigem Flugverkehr zwischen Erde und Mond.

Dreißig Jahre lang tat sich in der Mondforschung wenig. Die Ziele der Astronomen verlagerten sich in die Ferne, ins Unbekannte. Immer tiefer wurde ins Universum geschaut, zeitlich immer näher an den Urknall heran. In den achtziger Jahren gab es keine einzige Mondmission, in den neunziger Jahren nur zwei bescheidene amerikanische Flüge: die Sonde Clementine (1994) und die Sonde Lunar Prospector (1998). Immerhin fand man mit ihnen zum ersten Mal Wasser (in Eisform) auf dem Mond, und zwar in Regionen nahe den Mond-Polen, die dauernd im Schatten liegen. Lunar Prospector lieferte zudem eine komplette Karte der chemischen Zusammensetzung der Mondoberfläche.

Zu Beginn des neuen Jahrtausends, als wäre man ein wenig müde geworden an der kosmischen Unendlichkeit, kehrte Nachbar Mond plötzlich wieder ins Bewusstsein der Astronomen zurück. Und so steht er seit 2003 wieder im Mittelpunkt des wissenschaftlichen Interesses. Eine ganze Reihe von Missionen zum Erdtrabanten ist geplant oder bereits durchgeführt. Den Anfang machte im September 2003 die erste europäische Mondsonde Smart-1. Sie erstellte eine erste umfassende Röntgenkarte der Mondoberfläche und maß dort die Verteilung aussagekräftiger chemischer Elemente wie Silizium, Aluminium und Eisen.

Interessant war die Sonde Smart-1 auch wegen ihres neuartigen, besonders Energie sparenden Antriebs: eines sogenannten Ionen-Antriebs. Er soll bei zukünftigen interplanetaren Reisen verstärkt zum Einsatz kommen. Erstmals wurde er bei dieser Mission erprobt. Bei dieser Antriebstechnik wird der Treibstoff ionisiert, das heißt in elektrisch geladene Atome oder Moleküle umgewandelt.

Die so entstandenen Ionen werden durch ein starkes elektrisches Feld beschleunigt, um anschließend als gerichteter Strahl aus dem Triebwerk auszutreten. Auf einer wendeltreppenartigen Flugbahn schraubte sich die Sonde buchstäblich zum Mond hoch und benötigte für die relativ kurze Distanz zu unserem Begleiter 16 Monate. Die Apollo-Astronauten erreichten den Mond schon nach fünf Tagen. Aber auf das Tempo kommt es bei Smart-1 nicht an.

Im September 2007 schickte die Japanische Raumfahrtagentur JAXA ihre Mond-Sonde Selene zum Erdtrabanten – die aufwendigste Mondmission seit der Apollo-Ära. In 2400 Kilometer Höhe über dem Mond stieß die Muttersonde einen kleinen Relais-Satelliten – er hält den Kontakt zwischen Hauptsonde und Erde – und in 800 Kilometer Höhe einen Radio-Satelliten ab. Selene selbst begab sich in 100 Kilometer Höhe in eine Umlaufbahn um den Mond. Eine Stereo-Kamera lieferte räumliche Bilder der Oberfläche, mehrere Instrumente ermittelten die Zusammensetzung des Mondbodens. Außerdem tastete ein Laserstrahl die Oberfläche ab, um eine exakte Höhenkarte zu erstellen.

Demnächst will auch die NASA in die Mondforschung zurückkehren. Ihr Lunar Reconnaissance Orbiter (LRO) soll in nur 30 bis 50 Kilometer Höhe um den Mond kreisen, sodass seine Kamera noch Einzelheiten bis zu einem Meter Größe scharf ablichten kann. Gleichzeitig wird noch eine zweite Sonde namens LCROSS (Lunar Crater Observation and Sensing Satellite) auf die Reise gehen. Sie wird den Mond regelrecht bombardieren: Ein Geschoss von 2 Tonnen Masse soll auf den Mond abgeworfen werden und in einem Gebiet am Mond-Südpol einschlagen. Der aufgewirbelte Staub wird wegen der geringen Schwerkraft des Mondes und der fehlenden Atmosphäre bis in eine Höhe von 60 Kilometern aufsteigen. Die Muttersonde wird diese Staubwolke durchqueren und analysieren. Die so gewonnenen Daten sollen vor allem dem geplanten Bau einer US-Mondstation dienen. Auch China und Indien, die beiden wirtschaftlich aufstrebenden asiatischen Staaten, planen Mondmissionen. So hat sich innerhalb kürzester Zeit ein regelrechtes Wettrennen zum Mond entwickelt, an dem die USA, Europa, Japan, China und Indien teilnehmen – und Russland wird sich sicherlich bald hinzugesellen.

## Vermutlich gibt es jede Menge Wasser auf dem Mond

Im Mittelpunkt zukünftiger Mondmissionen wird die Suche nach nutzbaren Wasservorkommen stehen. Vor allem in den bis zu 12 Kilometer tiefen, vor dem Sonnenlicht geschützten Mondkratern, in denen die Temperatur nie über minus 170 Grad Celsius ansteigt, vermutet man beachtliche Vorkommen von Wassereis. Dieses könnte vor 2 bis 3 Milliarden Jahren von Kometen zum Mond gebracht worden sein und lagert seitdem in diesen Kältefallen. Mit diesem Mondwasser und dem im Mondgestein reichlich vorhandenen Sauerstoff wären die lebenswichtigsten Grundstoffe vorhanden, um in Zukunft eine ständig von Menschen bewohnte Mondstation einzurichten. Im Moment weiß allerdings niemand, wie groß die Vorkommen an Wassereis auf dem Mond sind. Ursprünglich ging man von über 10 Milliarden Tonnen aus, ohne etwas über die Zusammensetzung und die Reinheit des Eises zu wissen. Auch weiß niemand, ob dieses Eis für die Bewohner einer Mondstation leicht zugänglich wäre; es müsste in den tiefen Kratern regelrecht abgebaut werden. Neueste Beobachtungen haben die ersten hohe Erwartungen, was die Menge betrifft, wieder gedämpft.

Das neue und starke Interesse am Mond hat aber auch noch andere, nämlich rein wirtschaftliche Gründe: Auf dem Mond könnten wertvolle Bodenschätze lagern. Es könnte sich durchaus lohnen, sie zur Erde zu schaffen, weil sie hier extrem selten sind. Vor allem ist das für Länder wie Indien und China mit ihrem großen Rohstoffhunger ein Grund, sich am Rennen zum Mond zu beteiligen. So soll es auf dem Mond zum Beispiel reichlich Helium-3 geben, eine auf der Erde sehr seltene Variante des Edelgases, die sich ideal als Brennstoff für zukünftige Kernfusions-Reaktoren eignen würde. Mit 20 Tonnen Helium-3, der Ladung einer einzigen Mondrakete, ließe sich der Energiebedarf Europas für ein ganzes Jahr decken. Freilich ist die kontrollierte Kernfusion vorerst noch Theorie; bei ihrer praktischen Umsetzung kommt man seit Jahrzehnten nicht entscheidend voran.

Für die Mondforscher sind andere Fragen wichtiger. Im Zentrum ihres Interesses steht das Südpol-Aitken-Becken. Dorthin würden sie gerne eine Roboter-Sonde schicken, die Gesteinsproben einsammelt und zur Erde bringt. Damit ließe sich endlich die Entstehungszeit des rätselhaften Beckens genau bestimmen. Möglicherweise ließen sich sogar Rückschlüsse auf die Zusammensetzung tieferer Bodenschichten des Mondes ziehen, denn bei dem gewaltigen Einschlag eines Himmelskörpers in dieser Mondregion könnte leicht die Mondkruste durchschlagen worden sein. Dabei müsste Material aus Tiefen von bis zu 120 Kilometern nach oben gekommen sein. Da das Südpol-Aitken-Becken auf der Rückseite des Mondes liegt, wäre eine solche Mission nicht ganz einfach. Der Roboter müsste vollkommen eigenständig arbeiten, da kein direkter Funkverkehr zur Erde möglich ist. Die eingesammelten Gesteinsproben müssten dann vom Roboter in ein kleines Rückkehrgefährt verfrachtet werden, das mit einem eigenen Raketenmotor starten und zur Erde zurückfliegen würde. Das macht eine solche Unternehmung aufwendig und zu einer technischen Herausforderung; diese läge aber im Rahmen der heutigen Möglichkeiten.


## Bemannte Mondflüge sind wieder im Gespräch

Die Mondexperten, die wie alle Astronomen zu den Optimisten zählen, sind sich absolut sicher, dass es früher oder später auch wieder bemannte Missionen zum Mond geben wird. Allerdings bedürfte es dazu neuartiger Raumschiffe; mit den gegenwärtig vorhandenen, etwa dem amerikanischen Space Shuttle, ginge das nicht. Ein ehrgeiziges, viele Milliarden Dollar teures Mondprogramm der NASA sieht den Aufbau eines neuen Weltraum-Transportsystems mit Namen Constellation vor. Es ist so angelegt, dass die unterschiedlichsten Missionen damit durchgeführt werden können: Kurzflüge von sechs Raumfahrern zur Internationalen Weltraumstation (ISS) ab dem Jahr 2015 oder Flüge von vier Astronauten zum Mond ab dem Jahr 2020. Ja, selbst für einen späteren bemannten Flug zum Mars wäre das System brauchbar. Im Baukastenprinzip könnten für die unterschiedlichen Unternehmungen die nötigen Teile (Module) zusammengestellt werden. Von diesen basieren die meisten auf bereits bewährten Technologien, auch solchen aus längst vergangenen Apollo-Zeiten; auf diese Weise werden Risiken und Kosten möglichst niedrig gehalten.

Benötigt wird vor allem eine starke Trägerrakete. Ares V soll sie heißen und so groß sein wie die legendäre Saturn V, mit der die Apollo-Flüge bestritten wurden; diese hatte eine Länge von über 100 Metern und ist bis heute die größte je gebaute Trägerrakete der Welt. Ares V wird allerdings ausschließlich als Frachtrakete dienen und im Wesentlichen nur eine Neuversion der Saturn V sein. Allein aus Kostengründen wird dieser Rückgriff auf Altbewährtes notwendig sein. Sie wird vor den Astronauten ins All abheben und ihre Fracht (eine Antriebsstufe für den Mondflug, ein Service-Modul, sowie eine Mond-Landefähre) in 300 Kilometer Höhe über der Erde in eine Parkposition bringen. Die Mannschaftskapsel Orion wird mit einer wesentlich schlankeren, aber fast genauso langen Ares I-Rakete ins All geschossen, um dann an die wartenden Module anzudocken. Das Fluggerät zum Mond wird also erst im All zusammengefügt. Es muss dann nur noch die Antriebsstufe gezündet und Kurs auf den Mond genommen werden. Ist die Umlaufbahn um den Mond erreicht – die Antriebsstufe wird unterwegs abgeworfen –, steigen die Astronauten von der Kapsel in die Landefähre um und setzen auf dem Mond auf. Die Kapsel bleibt unbemannt auf ihrer Mond-Umlaufbahn. Nach Beendigung der

Monderkundung, die bis zu einer Woche dauern kann, heben die Astronauten mit ihrer Fähre, die ihnen während des Mondaufenthalts als »Wohnzimmer« diente, wieder vom Mond ab und kehren zur Orion-Kapsel und dem daran hängenden Service-Modul zurück. Dann geht es zur Erde zurück, nachdem die Triebwerke des Service-Moduls gezündet wurden.

Um eine dauerhafte Mondstation aufzubauen, wären etwa 150 bis 200 Transportflüge dorthin nötig, wobei man zuerst nur Computer und Roboter auf dem Mond »ansiedeln« würde, bevor sich die ersten Menschen niederließen. Mit dem Baubeginn für eine Mondstation wird frühestens im Jahre 2020 zu rechnen sein. Erste Entwürfe liegen seit Ende 2006 bereits bei der NASA, ausgearbeitet von einer Arbeitsgruppe mit Namen LAT (Lunar Architecture Team). Als Ort einer ersten Basisstation, bestehend aus 4 Röhren von 4 Metern Durchmesser und 6 Metern Länge, die zu einem Kreuz verbunden sind, hat man einen Punkt am Rande des gewaltigen Shackleton-Kraters ausgewählt; er befindet sich knapp 5 Kilometer vom Südpol des Mondes entfernt. Diese Region weist eine relativ »lebensfreundliche« Temperaturskala auf. Im Gegensatz zu den üblichen Temperaturschwankungen auf dem Mond von minus 150 bis plus 100 Grad Celsius schwanken die Werte am Pol nur zwischen minus 60 bis minus 40 Grad Celsius. Am Südpol des Mondes wäre die Station mehr als 70 Prozent der Zeit in Sonnenlicht getaucht und könnte genügend Solarstrom zur Energieversorgung erzeugen. In echter amerikanischer Goldgräbermanier sollte dann auch gleich mit dem Abbau von Bodenschätzen begonnen werden – neben der Forschungsarbeit, versteht sich.

Auch das Deutsche Zentrum für Luft- und Raumfahrt (DLR) wirbt neuerdings für eine eigene deutsche Mondmission für das Jahr 2013: eine unbemannte Sonde soll dann den Erdtrabanten umkreisen. Langfristig geht es auch hierbei um die Erkundung von ausbeutbaren Rohstoffen und deren Transport zur Erde. Immerhin zeigte sich sogar das deutsche Wirtschaftsministerium im März 2007 solchen Plänen gegenüber sehr aufgeschlossen.

# Dreizehntes Kapitel

# DER AUGENBLICKLICHE STAND DER KOSMOLOGIE

Kosmologie ist die Wissenschaft vom Weltall als Ganzem. In die Kosmologie geht alles Wissen über Einzelerscheinungen des Universums ein, um daraus ein möglichst schlüssiges Gesamtbild zu gestalten. Da die Erforschung des Kosmos dank immer besserer Instrumente in atemberaubendem Tempo voranschreitet, verändert sich in gleichem Maße auch unser Gesamtbild des Kosmos. Es wird immer fundierter, dabei freilich auch immer komplexer und komplizierter. Für uns Laien ist die moderne Kosmologie eine äußerst rätselhafte Angelegenheit. Das meiste, was die Wissenschaftler dazu sagen, liegt jenseits unseres Verstands. Das muss man einfach so hinnehmen – oder selber Kosmologe werden.

Die astronomischen Erkenntnisse, die wir auf den vorangegangenen Seiten dargestellt haben, sind Teil dieser aktuellen Kosmologie und fügen sich als Mosaiksteine in sie ein, wobei wir stets bedenken müssen, dass alles viel komplizierter ist, als wir es dargestellt haben.

Doch auch die Fachleute sehen sich weiterhin mit zahlreichen offenen Fragen und Verständnisproblemen konfrontiert. Die Kosmologie des beginnenden 21. Jahrhunderts ist also längst nicht vollständig. Denn neue Erkenntnisse werfen zumeist auch neue Fragen auf.

Drei große und harte »kosmologische Nüsse« – neben unzähligen kleinen, nicht minder harten – lassen sich vorerst nicht knacken: der Urknall, die Dunkle Materie und die Dunkle Energie. Die ganze Entwicklung des Universums in seiner 13,7 Milliarden Jahre währenden Geschichte hängt aber fundamental von diesen drei »ungeknackten Nüssen« ab. In diesem abschließenden Kapitel wollen wir sie mit unserem bescheidenen Laienverstand abklopfen. Mehr als eine Ahnung von den ersten und letzten Dingen des

Universums werden wir dabei nicht bekommen – womit wir von den Experten weniger weit entfernt sind, als man denken sollte.

Die Kosmologen wissen sehr viel über die Zeit unmittelbar nach dem Urknall, aber kaum etwas über den Urknall selbst. Und am allerwenigsten wissen sie über die Zeit vor dem Urknall, oder besser: über die Zeit vor der Zeit. An dieser paradoxen Formulierung merkt man schon, auf was wir uns hier einlassen: auf in sich widersprüchliche, um nicht zu sagen absurde Gedankengänge. Aber der Beginn des Universums ist nun mal ein einziges Paradoxon, und zwar allein schon aus dem Umstand, dass aus dem Nichts alles hervorging, was ist. Aus nichts aber kann nach den herrschenden Gesetzen der Physik nichts hervorgehen, vor allem nicht gleich ein ganzes Universum. Von nichts kommt nichts, wie wir alle wissen.

Dass es den Urknall gegeben haben muss, wissen wir allein aus der Tatsache, dass sich das Universum ausdehnt. Alle Galaxien streben voneinander fort, und zwar umso schneller, je weiter sie voneinander entfernt sind. Ein durch 500 Millionen Lichtjahre getrenntes Galaxien-Paar strebt doppelt so schnell auseinander wie eines mit 250 Millionen Lichtjahren Abstand zueinander. Daraus folgt mit zwingender Notwendigkeit, dass alle Galaxien vor 13,7 Milliarden Lichtjahren an einem punktförmigen Ort, der freilich außerhalb von Raum und Zeit lag, vereint gewesen sein müssen – ein »Schwarzes Urknall-Loch«, wenn man so will. Denn auch in Schwarzen Löchern wird, wie wir bereits wissen, Materie in einem Punkt vereint, also auf die Größe null zusammengepresst, während Dichte und Temperatur gegen unendlich gehen. Materie und Energie eines ganzen Universums in einem Punkt vereint – so etwas geht weit über unser Vorstellungsvermögen hinaus und ist ein physikalisch nicht zu beschreibender Zustand, ein Zustand jenseits aller physikalischen Zuständigkeit. Die vertrauten Begriffe »Raum« und »Zeit« verlieren im Urknall ihre Bedeutung – und wir können dabei leicht unser Vertrauen in den gesunden Menschenverstand verlieren.

## Was war vor dem Urknall?

Aber wer sagt eigentlich, dass das Universum tatsächlich im Urknall begonnen hat, wenn doch der Urknall selbst außerhalb unserer Erkenntnis liegt? Das führt zu der »superparadoxen« Frage: War vor dem Urknall wirklich das Nichts? Könnte es nicht sein, dass vor dem Urknall etwas anderes war als das Nichts? Bislang haben die meisten Kosmologen es strikt abgelehnt, solche Fragen zu diskutieren. Sie betrachteten sie als ebenso sinnlos wie die Frage, ob es einen irdischen Ort nördlich des Nordpols gibt. Inzwischen ist das anders, woran man auch sieht, wie sehr die moderne Kosmologie in Bewegung geraten ist. Im Zuge der jüngsten Fortschritte in der theoretischen Physik (Stichwort: Stringtheorie) befasst sich neuerdings eine ganze Reihe von Kosmologen ernsthaft mit der Frage, wie das »Universum« vor dem Urknall ausgesehen haben könnte. Damit verliert der Urknall freilich nichts von seiner Rätselhaftigkeit.

In der Nähe des Urknalls herrschten so extreme Bedingungen, dass niemand die physikalischen Gleichungen zu lösen weiß, die sich daraus ergeben. Dennoch wagen Kosmologen auf der Grundlage der sogenannten Stringtheorie Hypothesen über das »Universum« vor dem Urknall. Die Stringtheorie besagt – stark vereinfacht! –, dass die elementarsten Teilchen der Materie nicht punktförmige Gebilde darstellen, sondern eher faden- oder saitenartig zu denken sind (engl. string für Faden oder Saite). Die Vielfalt der Elementarteilchen (etwa Elektronen und Quarks) mit all ihren typischen Eigenschaften (etwa den elektrischen Ladungen und Massen) geht aus den vielfältigen Schwingungszuständen unendlich dünner, eindimensionaler, masseloser Strings hervor. Die Schwingungen breiten sich mit Lichtgeschwindigkeit auf diesen Strings aus. Je nachdem wie die Seite schwingt, werden die Eigenschaften eines Elementarteilchens bestimmt. Zwei Arten von Strings werden dabei unterschieden: Einige laufen in sich zurück, bilden also winzige Schlaufen, andere, sogenannte offene Strings haben zwei freie Enden. Die Annahme dieser Strings erfordert aber weitere

Raumdimensionen zu den üblichen uns vertrauten drei (Länge, Breite, Höhe). Insgesamt fordert die Stringtheorie neun Raumdimensionen, für deren Existenz es derzeit noch keine experimentellen Hinweise gibt. Nimmt man die Dimension der Zeit hinzu, gelangt man zu einer »Raumzeit« mit zehn Dimensionen. Für uns sind diese Extradimensionen des Raums unsichtbar, was daran liegen könnte, dass sie sehr klein sind. Das ist ähnlich einem feinen Riss in einer Wand. Durch ihn gewinnt deren zweidimensionale Fläche zwar eine dritte Dimension, doch wenn der Riss fein genug ist, wird uns die so entstandene »Tiefe« der Wand gar nicht auffallen. Selbstverständlich haben auch die Stringforscher keine bildliche Vorstellung von den Strings und den neun Dimensionen. Aber die physikalische Wirklichkeit hat noch nie Rücksicht darauf genommen, ob wir uns ein Bild von ihr machen können. Bislang gibt es freilich noch kein Schlüsselexperiment, das beweisen würde, ob die Welt sich auf Strings begründet oder nicht.

Aber wir wollen das hier nicht weiter vertiefen, weil es eine extrem schwierige Theorie ist, die weltweit ohnehin nur von ein paar Dutzend Physikern verstanden wird. Für uns ist das physikalische Magie. Allerdings weisen diese magischen Eigenschaften der Strings in eine ganz bestimmte Richtung: Strings erlauben keine Unendlichkeiten, also etwa die Unendlichkeiten von Dichte und Temperatur, wie sie im Urknall gegeben wären. Gemäß der Stringtheorie kann es deshalb auch keinen Urknall geben.

Geht man – auf der Grundlage der Stringtheorie – in der Geschichte des Universums immer weiter zurück, so wird die Materiebeziehungsweise Energiedichte zum Urknall hin immer größer. Entsprechend nimmt auch die Temperatur des Universums zu, ohne je unendlich groß zu werden wie bei der herkömmlichen Urknalltheorie, wo der ganze Kosmos in einem unendlich dichten und heißen Punkt seinen Anfang nahm. Gemäß der Stringtheorie würden Dichte und Temperatur zum Urknall hin ebenfalls immer mehr zunehmen, schließlich ein Maximum erreichen, um danach wieder abzusinken. Das Universum nach dem Urknall würde sich so gedanklich am Urknall vorbei in ein Universum vor dem Urknall verwandeln. Das Universum vor dem Urknall wäre demnach das Spiegelbild des Universums nach dem Urknall. Wenn das Universum nach heutiger Erkenntnis bis in alle Ewigkeit existieren wird, wobei sich sein Inhalt (Materie und Energie) wegen der Ausdehnung immer weiter verdünnt, dann hat es logischerweise auch vor dem Urknall schon seit Ewigkeit existiert. Gemäß der Stringtheorie wäre der Urknall kein absoluter Anfang (ein Schöpfungsakt aus dem Nichts) gewesen, sondern nur ein heftiger Übergang, eine Art Umkehrmoment zwischen zwei Ewigkeiten.

## Welten im Zusammenstoß

Damit hätten wir das Modell eines Kosmos, der schon immer existiert hat, aber sich bis vor 13,7 Milliarden Jahren so weit zusammengezogen hat, dass seine Temperatur und Dichte alle jemals gemessenen Werte weit überstiegen haben – ohne unendlich zu werden. Doch ab einem bestimmten Punkt – warum auch immer! – kehrte sich der Prozess um, und auf die Phase der Zusammenziehung folgte eine Phase der Ausdehnung. Der Urknall wäre damit gar keiner mehr; er wäre nur noch der Übergang von einem »Vor-Urknall-Universum« zu einem »Nach-Urknall-Universum«.

Ein anderes Modell, das ebenfalls auf der Stringtheorie basiert, vermutet als »Ursache« des Urknalls eine Kollision unseres Universums mit einem anderen. Demnach könnte es sogar sein, dass es unendlich viele Universen (»Multiversen«) gibt, von denen sich immer wieder welche zu nahe kommen. Diese Vorstellung hilft uns freilich auch nicht weiter; wir haben mit dem einen Universum schon Vorstellungsprobleme genug.

## Kernphysiker spielen »Urknall«

Lassen wir dieses kosmologische Gedankenspiel einfach mal so stehen, ohne es wirklich verstanden zu haben. Am Ende ist dieses Urknall-Modell auch wieder nur eines von vielen, die in den vergangenen Jahrzehnten ausgedacht und dann über Bord geworfen wurden. Mag der Urknall selbst den Kosmologen noch eine Weile rätselhaft bleiben, so wird die Phase unmittelbar nach dem Urknall doch immer besser verstanden. Und mit »unmittelbar« ist die Zeit ab der ersten Millionstelsekunde (Mikrosekunde) nach dem Urknall gemeint. Zu diesem Verständnis haben vor allem die Kernphysiker beigetragen, die an den verschiedenen Kernforschungszentren der Welt tätig sind, etwa am CERN in der Schweiz. Dort werden gleichsam am Fließband lauter Mini-Urknalle erzeugt, indem Materie – große Atomkerne wie die von Gold oder Blei – fast mit Lichtgeschwindigkeit gegeneinander geschossen werden. Dabei kommt es zu einem Schauer aus energiereichen elementaren Teilchen. Wenn zum Beispiel zwei Gold-Atomkerne mit der zur Zeit erreichbaren Höchstenergie aufeinander prallen, schmelzen die Protonen und Neutronen, aus denen die Atomkerne bestehen, buchstäblich aus. Es entstehen zahlreiche Quarks und Anti-Quarks, die neben den Elektronen die elementaren Bausteine der Materie darstellen. Und dazu noch Gluonen; das sind die Teilchen, die die Quarks und Anti-Quarks in den Protonen und Neutronen zusammenhalten. In der Regel werden für extrem kurze Zeit bis zu 10 000 solcher Elementarteilchen freigesetzt. Im Augenblick der Kollision herrscht ein gigantischer Druck – das 10 hoch 30-fache des irdischen Atmosphärendrucks –, und die Temperatur in diesem Mini-Feuerball (1 Billionstel Zentimeter im Durchmesser) beträgt mehrere Billionen Kelvin.

Nicht anders als bei solch einem Mini-Urknall im Forschungslabor bestand auch das Universum in den ersten Mikrosekunden nach dem Urknall aus einem brodelnden Chaos hochenergetischer Elementarteilchen, einem sogenannten Quark-Gluon-Medium. Neueste Forschungsergebnisse weisen darauf hin, dass dieses nicht, wie man bisher dachte, einem Gas aus sich völlig unabhängig bewegenden Teilchen gleicht, sondern eher einer dichten Flüssigkeit. In ihr bilden wechselnde Teilchengruppen kurzfristig größere Einheiten.

Je heftiger in den Kernforschungszentren die Zusammenstöße sind, umso näher forscht man sich an die Bedingungen des Urknalls heran. Deshalb werden immer gigantischere Beschleunigeranlagen gebaut. Aus den Messdaten lassen sich Rückschlüsse auf die Entwicklungsgeschichte des Universums kurz nach dem Urknall ziehen. Demnach war das winzige Universum 0,1 Mikrosekunden nach dem Urknall 20 Billionen Kelvin heiß. Nach einer Mikrosekunde betrug die Temperatur »nur« noch 6 Billionen Kelvin. 10 Mikrosekunden nach dem Urknall war das Universum auf 2 Billionen Kelvin »abgekühlt«. Diese Temperatur erlaubte den frei herumschwirrenden Quarks, sich zu Protonen und Neutronen zu verbinden, in die sie fortan eingeschlossen sind. Erst 100 Sekunden nach dem Urknall und einer Temperatur von 1 Milliarde Kelvin war es den Protonen und Neutronen möglich, Atomkerne von Helium zu bilden. Danach mussten 380 000 Jahre vergehen, ehe das Universum auf 2700 Kelvin abgekühlt war und die Bildung elektrisch neutraler Atome, bestehend aus Atomkern und Elektronenhülle, möglich war. Diese formierten sich später zu Gaswolken, aus denen schließlich Sterne und Galaxien wurden, wie wir sie heute beobachten können.

## Wohin dehnt sich das Universum aus?

Die Abkühlung des Universums ergibt sich aus seiner Ausdehnung: Die gesamte Wärmeenergie verteilt sich auf einen immer größeren Raum. Dass sich das Universum seit dem Urknall ausdehnt, ist eine der grundlegendsten Erkenntnisse der modernen Kosmologie. Alle Objekte und Strukturen im Kosmos, egal ob Galaxien, Sterne, Planeten oder Lebewesen wie der Mensch, konnten nur entstehen, weil sich das Universum nach dem unendlich heißen Urknall ausdehnte und dabei abkühlte. Ohne die Erkenntnis eines sich ausdehnenden und dabei abkühlenden Universums gäbe es gar keine moderne Kosmologie. Andererseits erwachsen aus dieser Tatsache einige knifflige Fragen: Wohin dehnt sich das Universum eigentlich aus? Und dehnen sich die Objekte im Universum, also Galaxien, Sterne und Planeten, dabei auch aus? Und wie soll man die noch junge Erkenntnis verstehen, dass sich die kosmische Ausdehnung beschleunigt und damit die Galaxien mit immer größerer Geschwindigkeit voneinander fortstreben?

Im allgemeinen Verständnis dehnt sich ein Körper in den ihn umgebenden Raum aus. Ein Körper, der gewisse Begrenzungen aufweist, etwa ein Luftballon, der aufgeblasen wird, dehnt sich von einem Zentrum her in den Raum aus. Dummerweise hat das Universum weder Zentrum noch Begrenzung. Und weil das so ist, kann auch kein Raum außerhalb des Universums gedacht werden. Die Ausdehnung des Universums ähnelt dem Aufblasen eines Luftballons, wenn man sich vorstellt, dass der Weltraum der Oberfläche des Ballons entspricht. Aufgemalte Punkte auf dem Luftballon streben während des Aufblasens alle voneinander fort. Ebenso fehlen auf dieser Oberfläche eine Begrenzung und ein Mittelpunkt. Würden wir als intelligente Ameisen auf diesem sich ausdehnenden Luftballon herumlaufen, so würden wir niemals an eine Grenze stoßen. Allerdings würden wir bemerken, dass wir für eine Umrundung des Ballons immer mehr Zeit benötigten.

Ähnlich verhält es sich mit der kosmischen Ausdehnung: Die Galaxien bewegen sich von uns weg, aber das heißt nicht, dass sie sich durch den Raum von uns wegbewegen wie Splitter, die vom Zentrum einer Explosion auseinanderfliegen. Vielmehr dehnt sich der Raum selbst zwischen den Galaxien aus, entsprechend dem Gummi des aufgeblasenen Luftballons. Allerdings ist es beim Luftballon so, dass sich dabei auch die aufgemalten Punkte ausdehnen. Anders bei der kosmischen Ausdehnung: Da dehnen sich die Galaxien nicht mit aus.

## Wird sich das Universum ewig ausdehnen?

Wenn sich das Universum ausdehnt, stellt sich ganz von selbst die Frage, wie groß es im Augenblick ist. Aber auch diese Frage hat ihre Tücken. Naheliegend ist der Gedanke, dass ein Universum, das 13,7 Milliarden Jahre alt ist, einen Radius von 13,7 Milliarden Lichtjahren haben sollte. Aber dem ist nicht so. Da das Weltall expandiert, ist der beobachtbare Teil des Universums größer als 13,7 Milliarden Lichtjahre. Denn das Licht, das von einem beobachtbaren Objekt zu uns gelangt, durchquerte einen ständig sich ausdehnenden Raum. Die Entfernung der Strahlungsquelle hat also während der langen Reisezeit des Lichts zugenommen – und zwar um etwa das Dreifache. Der für uns beobachtbare Kosmos hat also etwa einen Radius von 46 Milliarden Lichtjahren. Über die Frage, wie lange sich das Universum ausdehnen wird, scheinen sich die Kosmologen inzwischen auch einig zu sein: auf ewig.

Tatsächlich war bei den Kosmologen lange Zeit die Frage ungeklärt, ob sich das Universum bis in alle Ewigkeit ausdehnen wird oder ob diese Fluchtbewegung der Galaxien langsam zum Stillstand kommen würde. Letzteres hätte zur Folge, dass sich die Galaxien wegen ihrer gegenseitigen Anziehungskraft (Gravitation) von da an wieder aufeinander zubewegen würden, um in einer sehr fernen Zukunft wieder in einem Punkt vereint zu sein. Um darauf eine Antwort zu bekommen, untersuchte man die im beobachtbaren Kosmos verteilte Masse mit immer genaueren Methoden. Die Ergebnisse deuteten darauf hin, dass die Massen zu gering sind, um der Expansionsbewegung des Universums entgegenzuwirken. Die eigentliche Überraschung bestand aber in der Feststellung, dass die in den Galaxien verteilte Materie nicht einmal ausreichen würde, die um sich selbst rotierenden Welteninseln zusammenzuhalten. Die durch die Eigenrotation der Galaxien hervorgerufenen Fliehkräfte sollten diese eigentlich auseinanderreißen; gegenüber den Massenanziehungskräften zwischen den Sternen sind die Fliehkräfte viel zu groß. Stabile Galaxien dürfte es deshalb gar nicht geben. Für diese irritierende Feststellung gab es nur einen Grund: Die Galaxien vereinen in sich viel mehr Materie als die der sichtbaren Sterne und Gaswolken. Selbst innerhalb von Galaxienhaufen würden die Anziehungskräfte zwischen der sichtbaren Materie nicht ausreichen, um den Verband zusammenzuhalten. Die Geschwindigkeiten der Galaxien in den Haufen sind so groß, dass sich die Haufen auflösen müssten. Die Galaxien scheinen untereinander wie mit unsichtbaren Gummibändern verbunden zu sein.

## Die geheimnisvolle Dunkle Materie

Kurzum: Im Kosmos muss eine zusätzliche, nicht leuchtende Materieform mit ihren Anziehungskräften dazu beitragen, dass Galaxien und Galaxienhaufen ihren Zusammenhalt finden. Diese unbekannte Substanz wird als Dunkle Materie bezeichnet. Sie soll 22 Prozent der Materie im Universum ausmachen, ohne dass wir wüssten, woraus sie besteht. Die sichtbare Materie macht hingegen nur 4 Prozent der kosmischen Materie aus. Die restlichen 74 Prozent bestehen aus einer noch rätselhafteren Dunklen Energie, von der nachher noch die Rede sein wird. Das heißt, dass das Weltall zu 96 Prozent mit etwas Unerklärlichem erfüllt ist.

Diese geisterhafte Dunkle Materie macht sich nur indirekt bemerkbar durch ihre Gravitationswirkung. Wie normale leuchtende Materie, so verzerrt auch die Dunkle Materie das Licht von dahinter liegenden Sternen und Galaxien. Mit Hilfe des Hubble-Weltraumteleskops hatte im Jahre 2006 eine Gruppe von Astronomen erstmals eine dreidimensionale Karte des Weltraums erstellt, auf der eine Art Gewebe Dunkler Materie erkennbar ist. Es war das aufwendigste Beobachtungsprojekt, das jemals mit »Hubble« unternommen wurde. Dabei wurden die Formen von mehr als 500 000 Galaxien vermessen. Bei diesem Verfahren erscheint die Dunkle Materie indirekt als eine Art Gerüst, in dem die Galaxien im Laufe von Jahrmilliarden geformt wurden. Die sichtbare Materie, so scheint es, sammelt sich vor allem dort, wo die Dunkle Materie am dichtesten ist. Sie hat damit einen entscheidenden Einfluss auf die Organisation von normaler leuchtender Materie zu Galaxien.

Die Frage, woraus Dunkle Materie besteht, konnte auch dieses Experiment nicht klären; sie bleibt weiterhin offen. Ebenso rätselhaft bleibt die Beobachtung, dass es in einem Umkreis von 500 Lichtjahren um unser Sonnensystem keine Dunkle Materie zu geben scheint. Die Positionen der Sterne in unserer kosmischen Nachbarschaft lassen diesen Schluss zu. Eigentlich müsste im äußeren Bereich unserer Galaxis, wo wir uns befinden, die Dunkle Materie 50-mal so häufig sein wie die sichtbare. Aber das ist nicht der Fall.

## Die abstoßende Kraft der Dunklen Energie

Doch es gibt noch ein weiteres kosmologisches Grundproblem: Die Geschwindigkeit, mit der sich das Universum ausdehnt, nimmt stetig zu. Irgendeine Dunkle Energie, die die Funktion einer abstoßenden Schwerkraft hat, treibt das Universum buchstäblich auseinander; sie muss auf rätselhafte Weise eine Gegenkraft zur Gravitation darstellen – eine Gravitation mit negativem Vorzeichen. Aber woher kommt diese Anti-Gravitation? Was ist ihr Wesen, ihre physikalische Natur?

Woher sie kommt, wissen wir nicht, und über ihr Wesen wird viel spekuliert, was nur beweist, dass wir auch darüber nichts wissen. Jedenfalls muss sie überall anwesend sein, hier auf der Erde genauso wie weit außerhalb unserer Milchstraße. Überall beträgt ihre Dichte 10 hoch minus 26 Kilogramm pro Kubikmeter; das entspricht der Dichte von ein paar Wasserstoff-Atomen pro Kubikmeter. Die abstoßende Dunkle Energie ist damit, wie die anziehende Schwerkraft auch, eine sehr schwache Energie. Aber sie reicht aus, um die Expansion des Universums immer weiter zu beschleunigen.

Immer schneller entfernt sich also unsere Milchstraße von ihren Nachbargalaxien, bis diese eines Tages nicht mehr am Himmel zu sehen sein werden.

Zum besonderen Wesen der Dunklen Energie gehört, dass sich ihre Dichte mit der Expansion des Alls nicht merklich ändert. Gegenwärtig ist ihre Dichte höher als die der Materie, und dieses Verhältnis wird sich in Zukunft immer mehr zu ihren Gunsten verändern.

Die Dunkle Energie ist zwar schwach, aber dabei allgegenwärtig und unwiderstehlich. Erst Beobachtungen von fernen Supernovae und andere Messungen haben ihre verborgene Existenz offenbart, mehr noch: Sie haben gezeigt, dass die Expansionsgeschwindigkeit des Kosmos früher geringer war als heute.

Bis vor etwa 7 Milliarden Jahren war die Materiedichte im damals noch wesentlich kleineren Universum so groß, dass die Anziehungskräfte zwischen den Galaxien gegenüber der auseinander treibenden Kraft der Dunklen Energie überwogen haben. Deshalb kam es noch relativ oft zu Zusammenstößen zwischen Galaxien. Doch der Raum dehnte sich weiter aus, die Materiedichte nahm ab, und entsprechend schwächer wurde auch die Anziehung zwischen den Galaxien. Mit der Zeit verschob sich das Kräfteverhältnis zwischen anziehender Materie und abstoßender Dunkler Energie. Bis dahin hatte sich die vom Urknall stammende Expansion verlangsamt. Doch seitdem beschleunigt sie sich. Das bedeutet, dass großräumig (jenseits von etwa 30 Millionen Lichtjahren) das auseinanderstrebende Universum von der Dunklen Energie beherrscht wird. Im derzeitigen Universum, so scheint es, ist die Dunkle Energie gerade dabei, den Sieg über die Gravitation davonzutragen.

Dennoch ist das alles vorerst nur Theorie. Die Dunkle Energie, so gut sie sich auch in die Entwicklungsgeschichte des Universums einfügt, ist noch längst nicht bewiesen. Bewiesen ist nur, dass die Galaxien immer schneller auseinandergetrieben werden. Materie und Energie im Kosmos werden somit immer stärker verdünnt. Der Raum wird sich irgendwann viel zu schnell ausdehnen, als dass sich noch neue Objekte und Strukturen bilden könnten. Der Kosmos wird also notgedrungen immer einförmiger und langweiliger werden. Die lokalen Galaxienhaufen – zu solch einem gehört auch unsere Milchstraße – werden zu isolierten Oasen werden, umgeben von nichts als Leere. In rund 100 Milliarden Jahren wären dann mit unseren heutigen Teleskopen nur noch ein paar hundert Galaxien zu sehen.

Aber was, wenn die Beschleunigung durch die Dunkle Energie immer weiter anwächst? Nun, dann würde das Universum letztlich eine Hyperbeschleunigung erfahren mit der Folge, dass irgendwann die Galaxienhaufen, ja vielleicht sogar die einzelnen Galaxien, von ihr erfasst und zerrissen würden. Aber auch das ist nichts weiter als eine Hypothese.

Selbst als Laie, dem das ganze Universum als ein einziges verwirrendes Durcheinander erscheint, spürt man die grundlegenden Unsicherheiten der Kosmologen beim Bau ihres Theoriegebäudes – eine ziemlich wacklige Konstruktion. Einiges steht fest und unerschütterlich da, anderes gleicht einem Provisorium, das vielleicht schon morgen wieder abgerissen werden muss. Gesichert, was die Kosmologie betrifft, ist die Entstehung des Universums aus einem extrem heißen und dichten Anfangszustand. Der Urknall ist gesichert, ohne dass wir wüssten, was er ist. Gesichert ist auch die Expansion des Universums. Vermutlich gab es kurz nach dem Urknall sogar eine Phase plötzlicher, extrem starker Ausdehnung, die die Kosmologen als Inflation bezeichnen. Die treibende Kraft für diese Inflation waren wahrscheinlich so genannte Quantenfluktuationen. Darunter hat man Schwankungen der Feldstärke im Bereich der Elementarteilchen zu verstehen, wodurch sich mikroskopische Dimensionen schlagartig zu astronomischen Größen ausdehnen. Diese Aussage lassen wir einfach mal so stehen, ohne sie mit unserem bescheidenen Laienverstand verstehen zu können.

Das Universum hat sich also nicht schon immer beschleunigt ausgedehnt. Nur so war es möglich, dass sich über Jahrmilliarden Galaxien bilden konnten, die sich dann in Haufen und Superhaufen organisiert haben. Eine zu schnelle Expansion hätte eine solche Entwicklung verhindert. Inzwischen ist relative Ruhe im Universum eingekehrt. Neue Galaxien entstehen schon lange nicht mehr, dafür neue Sterne und Schwarze Löcher in erstaunlicher Zahl. Aber es sind inzwischen eher die mittleren und kleineren Galaxien, die die meisten Sterne hervorbringen, während sich in der Frühzeit des Universums die Sternentstehung eher in großen, miteinander kollidierenden Galaxien abspielte. Damals waren die Sterne durchweg riesig, während sie im heutigen Universum eher von sonnenähnlicher Größe sind. Der Kosmos wurde bescheiden, so könnte man sagen.

In einigen Milliarden Jahren werden auch die heute aktiven kleineren Galaxien ihren Vorrat an kosmischem Gas und Staub, woraus sich Sterne bilden können, aufgebraucht haben. Dann wird die Gesamtstrahlung des Universums dramatisch abnehmen. Auch in unserer Milchstraße mit ihren vielen Milliarden Sternen werden dann nach und nach die Lichter ausgehen. Am Ende werden die Zwerggalaxien, die nur wenige Millionen Sterne enthalten, aber den häufigsten Galaxientyp darstellen, die wichtigsten Orte für die Sternentstehung sein. Aber auch sie dauern nicht ewig. Das Universum wird unvermeidlich immer dunkler werden. Übrig bleiben werden die Staubreste einst mächtiger Galaxien – und jede Menge erkaltete Weiße Zwerge und Neutronensterne. Ja selbst die Schwarzen Löcher werden womöglich nicht ewig existieren. Spätestens in 10 hoch 100 Jahren (eine 1 mit 100 Nullen) könnten sie sich in Gammastrahlung aufgelöst haben. Das wäre dann das Ende der Welt. Es fände nichts mehr in ihr statt. Wo sich aber nichts mehr ereignet, hört auch die Zeit auf.

# Bildnachweis

1  NASA, ESA, Holland Ford (JHU), and the ACS Science Team
2  ESA
3  NASA, ESA, and The Hubble Heritage Team (STScI/ AURA)
   Acknowledgement: A. Cool (San Francisco State University) and J. Anderson
   (STScI)
4  NASA, ESA, and H. E. Bond (STScI)
5  ESA and Garrelt Mellema (Leiden University, the Netherlands)
6  NASA, ESA, and R. Kirshner (Havard-Smithsonian Center for Astrophysics)
7  Andrew S. Wilson (University of Maryland); Patrick L. Shopbell (Caltech);
   Chris Simpson (Subaru Telescope); Thaisa Storchi-Bergmann and F.K.B.
   Barbosa (UFRGS, Brazil); Martin J. Ward (University of Leicester, UK) and
   NASA, ESA
8  Roeland P. van der Marel (STScI), Frank C. van den Bosch (University of
   Washington), and NASA, ESA
9  NASA, ESA, J. Bell (Cornell U.), and M. Wolff (SSI)
10  NASA, ESA, and A. Simon-Miller (NASA/GSFC)
11  NASA, ESA, H. Weaver (APL/ JHU), M. Mutchler and Z. Levay (STScI)
12  NASA
13  J. Spencer (Lowell Observatory) and NASA, ESA
14  NASA, ESA, CXC, M. Bradac (University of California, Santa Barbara,
   USA), and S. Allen (Standford University)
15  NASA, ESA and E. Karkoschka (University of Arizona)
16  NASA, ESA and E. Karkoschka (University of Arizona)

**Gerhard Staguhn**, 1952 in Bayern geboren, lebt als freier Autor und Wissenschaftsjournalist in Berlin. Für Hanser schrieb er bereits zahlreiche Jugendsachbücher zu naturwissenschaftlichen Themen, darunter »Die Rätsel des Universums« (1998), das für den Deutschen Jugendliteraturpreis nominiert wurde. Daneben erschienen Bücher zu Religion, Geschichte und Gesellschaft, zuletzt »Warum die Menschen keinen Frieden halten – Eine Geschichte des Krieges« (2006) und »Wenn Gott gut ist, warum gibt es dann das Böse in der Welt« im selben Jahr. 2008 erschien bei Hanser »Sonne Wind und Regen – Eine Wetterkunde in Zeiten des Klimawandels«, das von der Deutschen Akademie für Kinder- und Jugendliteratur ausgezeichnet wurde.

In der *Reihe Hanser* im dtv lieferbar:

Gerhard Staguhn
**Die Rätsel des Universums**

ISBN 978-3-423-62079-6

Mit dem Urknall beginnt die Geschichte des Universums. Wie es tatsächlich entstand, können die Forscher bis heute nicht sagen. Erst die Zeit danach, der Temperaturanstieg um 30 Milliarden Grad und die Entstehung der ersten Elementarteilchen, lässt sich beschreiben. Doch was hält die Erdkugel eigentlich zusammen? Die allerneusten Erkenntnisse der Wissenschaft werden hier genau beschrieben. Staguhn geht auch der Frage nach Lebewesen im All nach. Eine spannende und unterhaltsame Geschichte des Universums, geschrieben wie ein fesselnder Krimi.

*Nominiert für den Deutschen Jugendliteraturpreis*